鱼病快速诊断与防治技术

主　编　王雪鹏　丁　雷
副主编　闫茂仓　郭　文　刘广斌
参　编　赵厚钧　付佩胜　宋憬愚　王　慧
　　　　张　芬　侯正大　董仕侠　季相山

机械工业出版社
CHINA MACHINE PRESS

本书着重介绍了鱼病流行现状，鱼病防治的基础知识，常用渔药的使用方法、注意事项，鱼病诊断的一般方法、经验，常见鱼病的鉴别诊断、防治方法等。书中设有“提示”“注意”等小栏目和部分知识点的视频资料，帮助读者更准确地诊断和防治鱼病。

本书技术先进实用，语言通俗易懂，适于广大水产养殖户、相关技术人员使用，也可以作为相关院校、培训机构的教材和参考书。

图书在版编目（CIP）数据

鱼病快速诊断与防治技术：视频升级版/王雪鹏，丁雷主编．—2 版．—北京：机械工业出版社，2018.5（2022.7 重印）
（高效养殖致富直通车）
ISBN 978-7-111-59738-4

Ⅰ.①鱼…　Ⅱ.①王…②丁…　Ⅲ.①鱼病－诊疗
Ⅳ.①S942

中国版本图书馆 CIP 数据核字（2018）第 081569 号

机械工业出版社（北京市百万庄大街 22 号　邮政编码 100037）
总 策 划：李俊玲　张敬柱
策划编辑：周晓伟　责任编辑：周晓伟
责任校对：李　伟　责任印制：张　博
三河市国英印务有限公司印刷
2022 年 7 月第 2 版第 6 次印刷
147mm×210mm · 5.5 印张 · 2 插页 · 173 千字
标准书号：ISBN 978-7-111-59738-4
定价：29.80 元

凡购本书，如有缺页、倒页、脱页，由本社发行部调换

电话服务　　　　　　　　网络服务
服务咨询热线：010-88361066　机 工 官 网：www.cmpbook.com
读者购书热线：010-68326294　机 工 官 博：weibo.com/cmp1952
　　　　　　　010-88379203　金 书 网：www.golden-book.com
封面无防伪标均为盗版　　教育服务网：www.cmpedu.com

高效养殖致富直通车

编审委员会

序 Foreword

改革开放以来，我国养殖业发展非常迅速，肉、蛋、奶、鱼等产品产量稳步增加，在提高人民生活水平方面发挥着越来越重要的作用。同时，从事各种养殖业也已成为农民脱贫致富的重要途径。近年来，我国经济的快速发展对养殖业提出了新要求，以市场为导向，从传统的养殖生产经营模式向现代高科技生产经营模式转变，安全、健康、优质、高效和环保已成为养殖业发展的既定方向。

针对我国养殖业发展的迫切需要，机械工业出版社坚持高起点、高质量、高标准的原则，于2014年组织全国20多家科研院所的理论水平高、实践经验丰富的专家、学者、科研人员及一线技术人员编写了“高效养殖致富直通车”丛书，范围涵盖了畜牧、水产及特种经济动物的养殖技术和疾病防治技术等。丛书应用了大量生产现场图片，形象直观，语言精练、简洁，深入浅出，重点突出，篇幅适中，并面向产业发展需求，密切联系生产实际，吸纳了最新科研成果，使读者能科学、快速地解决养殖过程中遇到的各种难题。丛书表现形式新颖，大部分图书采用双色印刷，设有“提示”“注意”等小栏目，配有一些成功养殖的典型案例，突出实用性、可操作性和指导性。四年来，该丛书深受广大读者欢迎，销量已突破30万册，成为众多从业人员的好帮手。

根据国家产业政策、养殖业发展、国际贸易的最新需求及最新研究成果，机械工业出版社近期又组织专家对丛书进行了修订，删去了部分过时内容，进一步充实了图片，考虑到计算机网络和智能手机传播信息的便利性，增加了二维码链接的相关技术视频，以方便读者更加直观地学习相关技术，进一步提高了丛书的实用性、时效性和可读性，使丛书易看、易学、易懂、易用。该丛书将对我国产业技术人员和养殖户提供重要技术支撑，为我国相关产业的发展发挥更大的作用。

赵广永

中国农业大学动物科技学院

Preface 前言

我国是水产品生产与消费大国，水产品生产和消费在国民经济中占有重要地位。尤其改革开放以来，我国水产养殖业发展迅速，在产业结构和品种结构等方面发生了巨大的变化，已由传统的池塘养鱼向工厂化、集约化、多元化等方向发展。水产养殖业的高速发展，也带来一系列问题，如水产养殖品种病害的频繁发生，导致了严重的经济损失。据不完全统计，全国每年水产养殖病害的发病率达50%以上，损失率为20%左右，造成的直接经济损失就达百亿元之巨，并且还有上升的趋势。由此可见，病害已成为整个水产养殖业发展的一大制约因素。

据初步统计，目前危害水产养殖生物的病害已达400～500种，其中养殖鱼类疾病达200余种，病害生物主要包括病毒、细菌、真菌、寄生虫等。主要的病毒性疾病有草鱼出血病、传染性胰脏坏死病、疱疹病毒病、虹彩病毒病、弹状病毒病等10余种；主要的细菌性疾病有暴发性败血症、烂鳃病、细菌性肠炎病、爱德华氏菌病、弧菌病等几十种；真菌引起的鱼病有水霉病、鳃霉病等；寄生虫引起的鱼病主要有黏孢子虫病、车轮虫病、小瓜虫病、指环虫病、三代虫病等50多种。水产养殖生物病害的多发性和严重性已成为水产养殖业健康发展的制约因素，因此，对水产养殖生物疾病防治技术的研究和推广已成为当务之急。目前，水产养殖生物病害的防治方法可归结为药物、生态和免疫3种。化学药物仍然是目前控制水生生物疾病最常见的方法，但从世界养殖鱼类病害防治的发展趋势看，以化学疗法为特征的抗生素防治手段在世界范围内逐渐被禁用和取缔，符合环境友好和可持续发展战略的生态、免疫预防技术成为国际水产养殖业中病害防治的先进手段和主要的前沿研究与开发领域。

本书针对鱼类常见养殖品种的主要病害，详细介绍了病原、危害品种、流行季节、症状、防治方法等方面的内容，另外还介绍了常用渔药的种类及给药的基本原则和技术要点，对一些知识点配有二维码视频

(建议读者在 Wi-Fi 环境下扫码观看)。所以，本书适于广大水产养殖户、相关技术人员使用，也可作为相关院校、培训机构的教材和参考书。

本书由山东农业大学王雪鹏统稿，丁雷、闫茂仓等老师参加编写。本书所用药物及其使用剂量仅供读者参考，不可照搬。在生产实际中，所用药物学名、常用名与实际商品名称有差异，药物浓度也有所不同，建议读者在使用每一种药物之前，参阅厂家提供的产品说明以确认药物用量、用药方法、用药时间及禁忌等。购买兽药时，执业兽医有责任根据经验和对患病动物的了解决定用药量及选择最佳治疗方案。

编写本书时我们参考引用了国内外出版的一些文献资料和书籍，限于篇幅，未能一一列出，在此谨向原作者和出版单位致以谢意。本书在写作过程中得到了许多专家、同行的帮助，在此一并致谢！书中难免有不足和疏忽之处，希望读者批评指正。

编　者

Contents  

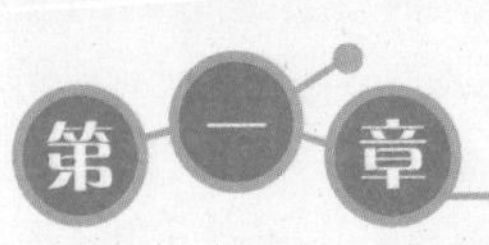

鱼病流行现状及鱼病防治基础知识

第一节 鱼病流行现状和预防措施

一、鱼病流行现状

随着水产养殖业的快速发展，鱼病频繁发生。据初步统计，目前养殖鱼类疾病达200余种。引起鱼病的生物主要包括病毒、细菌、立克次氏体、支原体、衣原体、真菌、原生动物、吸虫、绦虫、线虫、棘头虫、蛭、软体动物、甲壳动物和敌害生物（如藻类、腔肠动物、两栖类、爬行类、鸟类、哺乳类等）。大多数鱼病是由病毒、细菌、真菌和各种寄生虫引起的。

目前我国水产养殖生物病害现状的严重性主要表现在以下几个方面。

1. 发病情况复杂，常见病依旧大规模发生与流行

由于我国水产养殖区域跨度大，养殖水域环境多样，包括池塘、水库、江河、湖泊、海洋等，致使养殖病害发病情况复杂，不同气候、不同养殖模式、不同养殖条件下的发病情况差异显著。另外，随着苗种在全国范围频繁互换，疾病的多样性（包括病原种类、病原株型）增加，发病时间也由传统的春夏或夏秋两季发病高峰逐步向全年发病过渡。过去，有些鱼病只在特定的地区发生，随着鱼类苗种在全国范围内调运，这些地方性鱼病开始在全国范围内蔓延，而且危害范围越来越广，危害程度越来越严重，危害品种也越来越普遍。

传统的养殖品种，包括青、草、鲢、鳙、鲤、鲫、鳊等鱼，其病害依然严重，而过去的常见病依旧在广泛的地区与范围内发生和流行，如草鱼的出血病、细菌性疾病及主要淡水养殖鱼类的出血性败血症等。

2. 同一养殖对象，多种疾病在同一养殖对象呈并发趋势

多种疾病并发比单一疾病更为常见。在常规养殖鱼类疾病诊断过程中，常常发现寄生虫病并发细菌性疾病、多种细菌性疾病混合感染，以

及与病毒性疾病、真菌性疾病混合感染，而且多种疾病并发已成为一种常态。例如，在每年春夏之交、夏秋之交，草鱼烂鳃病大多数情况下是细菌性疾病，但常与车轮虫、指环虫并发，低温期又常伴有鳃霉病的发生，有时也与赤皮病、肠炎、肝胆综合征并发，再加上水质不良、气候突变、营养失衡等，进一步加大了治疗难度和用药成本。多种疾病的并发，要求从业者不断提高临床诊断技术，抓住问题的核心，寻找突破口，明确科学的处方及用药程序，联合用药，从而达到迅速降低死亡、快速治愈、降低用药成本的目的。

3. 环境胁迫导致疾病的发生呈明显的上升态势

目前水产养殖生物的疾病不仅表现在病原性疾病发生加剧，更表现在因环境胁迫引起的疾病发生加剧。尤其是夏季由于水质富营养化引起鱼体抵抗力下降，藻类暴发，细菌、寄生虫滋生，鱼病频发。鱼病现场诊断过程中经常发现蓝藻水、红水、黑水、白水等不良水质，一方面是由投入品（饵料、药物等）造成的污染，导致养殖水质恶化；另一方面因高密度放养，不注重水质和底质维护等导致的养殖水环境恶化，严重时会引起水产养殖生物氨氮及亚硝酸盐中毒等。可见改善养殖方式，注重水质及底质的改良对鱼病的预防具有十分重要的意义。

4. 营养不合理导致疾病的发生呈明显的上升态势

在高密度精养的情况下，鱼类的生存与生长主要依靠人工配合饲料，所以人工配合饲料必须效率高、营养全面才能使鱼类健康而快速地生长。饲料中缺乏任何一种成分，都会阻碍鱼类的成长；而某种营养成分过多，也会造成营养代谢病。近年来，营养不合理导致疾病的发生呈明显的上升态势。如肝胆综合征（多表现为脂肪的过度积累），本病不仅单独存在，而且多与其他疾病并发。众所周知，引起水产养殖生物肝胆综合征的原因很多，但以饲料营养不合理、投喂过量、滥用药物最应引起重视。肝胆综合征明显降低了水产生物自身的抵抗力，诱发各种病原性疾病的发生，加大了疾病治愈的难度。

5. 重大疫病暴发流行

重大疫病暴发流行给养殖业造成的是毁灭性打击，在疾病高发期，致死率高，如我国最大宗的养殖品种草鱼，因病毒出血病而导致的死亡率可高达90%以上；罗非鱼链球菌病成为产业健康发展的顽疾；淡水鱼类细菌性败血症，死亡率高达95%以上；特色养殖品种鳜鱼传染性脾肾坏死病毒病、黄颡鱼爱德华氏菌病、鳗狂游病、乌鳢诺卡氏菌病等，感

染死亡率可达80%~90%，显然病害问题已成为制约我国水产养殖业发展的重要因素之一。

6. 新疾病不断出现，不明疾病危害不时发生

近些年来，新的养殖对象不断增加，如黄鳝、黄颡鱼、鲟鱼、小龙虾、河蟹、鳜鱼、罗非鱼、大鲵、冷水性鱼类、海水鱼类、海水甲壳动物与软体动物等，其养殖规模在不断扩大，而新养殖对象的新疾病也在不断出现。据研究，这些新养殖对象都可被多种病原生物感染，导致严重的疾病发生。例如，池塘或稻田养殖的小龙虾，已经发现其可以被对虾病毒感染，并造成大规模的死亡。鲟鱼的病害问题更是如此，近些年，鲟鱼养殖业随着其苗种繁育技术及养殖技术的成熟而发展迅猛。据中国水产科学研究院长江水产研究所调查，鲟鱼易患多种细菌性疾病，并且有些病因或病原尚不明了，整体发病率不低于60%，死亡率超过50%，严重制约了鲟鱼养殖产业的发展，造成重大经济损失。

不明疾病对水产养殖生物的危害不时发生。“不明疾病”只是一个相对的概念，只能说过去偶然发生过，也被确诊过，并进行了较深入的研究，但因危害不大而未被引起重视。随着水产养殖业的迅猛发展，“不明疾病”对水产养殖生物的危害性迅速加重，如鲫鱼的红鳃病、黄颡鱼的裂头综合征、鲤鱼的坏鳃死亡症、乌鳢的诺卡氏菌病、罗非鱼的链球菌病等在近几年都给水产养殖业带来很大的危害，尽管很多学者已经分离出了病原微生物，但从临床表现与治疗看，大多数不是由单一病原引起的，而且治疗该类疾病药物的开发远没有跟上疾病的变化，现在大都采用以水质改良、口服药物、提高抗病力为主的综合办法，但治疗效果常常不尽如人意。

二、鱼类患病的原因

鱼类患病多是鱼体与其生活的水环境不协调的结果。一方面鱼体体质差、抗病力弱；另一方面，水体水质不适合鱼类生活，存在危害鱼类的病原体等致病因素。

1. 环境因素

（1）物理因素 主要为水体温度和透明度。一般随着水体温度升高，透明度降低，病原体的繁殖速度加快，鱼病发生率呈上升趋势，但个别喜低温种类的病原体除外，如水霉菌、小型点状极毛杆菌（竖鳞病病原）等。

(2) 化学因素 水化学指标是水质好坏的主要标志，也是导致鱼病发生的最主要因素。养殖池塘中化学因素主要为溶氧量、pH和氨态氮含量，在溶氧量充足（4毫克/升以上）、pH适宜（7.5~8.5）、氨态氮含量较低（0.2毫克/升以下）时，鱼病的发生率较低，反之鱼病的发生率高。如在缺氧时鱼体极易感染烂鳃病，pH低于7时极易感染各种细菌病，氨态氮含量高时极易发生暴发性出血病。

(3) 池塘条件 主要指池塘大小和底质。一般较小的池塘温度和水质变化都较大，鱼病的发生率较大池塘高。底质为草炭质的池塘pH一般较低，有利于病原体的繁殖，从而导致鱼病的发生率较高。底泥厚的池塘，病原体含量高，有毒有害的化学指标一般也较高，因而也容易发生鱼病。

2. 生物因素

一般常见的鱼病，多由各种生物传染或侵袭鱼体而导致。引起鱼类生病的有微生物（如病毒、细菌、黏细菌、藻类等）和寄生虫（包括原生物体、蠕虫、蛭类、钩介幼虫、甲壳动物等），它们寄生在鱼的体表和体内，吸收鱼体的营养，破坏鱼的组织器官，影响鱼的生命活动。由微生物引起的鱼病叫传染性鱼病，由寄生虫引起的鱼病叫寄生性鱼病。另外，还有一些生物，如水网藻、水绵等，它们在池塘中大量繁殖时，消耗肥料，使水质变瘦，同时影响鱼类活动，妨碍打网操作，甚至把鱼网死。水蚤、鸥鸟、椎实螺等是鱼类寄生虫的宿主，对鱼病的发生影响很大。水鸟、水蛇、水生昆虫、肉食性鱼类、青蛙等，能直接伤害和吞食鱼类。

3. 人为因素

在精养池塘，人为因素的加入大大加速了鱼病的发生，如放养密度过大、大量投喂人工饲料、机械性操作等，都使鱼病的发生率大幅度提高。

4. 鱼的体质因素

鱼的体质因素主要为品种和体质，是鱼病发生的内在因素，是鱼病发生的根本原因。一般杂交的品种较纯种的抗病力强，当地品种较引进品种抗病力强；体质好的鱼类各种器官机能良好，对疾病的免疫力、抵抗力都很强，鱼病的发生率较低。鱼类体质也与饲料的营养密切相关，当鱼类的饲料充足、营养平衡时，鱼的体质健壮，较少得病，反之体质较差，免疫力降低，对各种病原体的抵御能力下降，便极易感染而发病。

同时在营养不均衡时，又可直接导致各种营养性疾病的发生，如瘦脊病、塌鳃病、脂肪肝等。有时由于拉网、运输操作不当，致使鱼体受伤严重，一时难以恢复，病菌乘虚而入，使鱼得病。另外，有的鱼类对某种病原体特别敏感，很容易患该病原体所引起的鱼病，如草鱼易得烂鳃病、出血病，鲢鱼、鳙鱼易患打印病，鲤鱼易患竖鳞病等。

三、鱼病的预防

鱼生活在水中，它们的活动不易被人们察觉，一旦生病，要得到及时准确地诊断比较困难，且治疗起来也比较麻烦，基本上都是群体治疗。内服药一般只能让鱼主动吃入，所以当病情比较严重时，鱼已经失去食欲，即使有特效药物，也达不到治疗的效果，尚能吃食的病鱼，由于抢食能力差往往也因吃不到足够的药量而影响疗效。体外用药一般只采用全池泼洒或药浴的方法，这仅适用于小水体，而对大面积的湖泊、河流及水库就难以应用。所以，多年的实践证明，只有贯彻“全面治疗，积极预防，以防为主，防重于治”的方针，采取“无病先防，有病早治”的策略，才能减少或避免鱼病的发生。

在预防措施上，既要注意消灭病原，切断传播途径，又要十分重视改善生态环境，提高鱼体的抗病力，采取全面的综合防治措施。同时，鱼病预防工作又是一项系统工程，必须从养殖地点的选择、网箱设置、池塘建设及产前、产中、产后的各个生产环节加以控制，才能达到理想的预防效果。

1. 养殖设施建设中应注意的问题

（1）选择良好的水源 水源条件的优劣，直接影响养殖过程中鱼病发生的多少。因此，在建设养殖场时，首先应对水源进行周密调查，要求水源清洁，不带病原及有毒物质，水源的理化指标应适宜于养殖鱼类的生活要求，不受自然因素和工业、农业及生活污水的影响；其次，应保证每年的水量充足，一些长期有工业、农业污水排放的河流、湖泊、水库等不宜作为养殖水源。

提示

如果所选水源无法达到要求，可考虑建蓄水池，将水源水引入蓄水池后，使病原在蓄水池中自行净化、沉淀或进行消毒处理后，再引入鱼池，就能防止从水源中带入病原。

（2）科学设计养殖池塘 养殖池塘的设计，关系到池塘的通风、水质的变化、季节对养殖水体的影响等，是万万不可忽视的。在我国北方地区，东西走向的池塘与南北走向的池塘相比，鱼病发病率就较低；相对于常年不干、渗水严重的池塘，能够将池水整个排出的池塘便于管理，且鱼病发生时药效容易发挥，因此疾病死亡率较低。另外，每个池塘设计独立的进排水设施，即各个鱼池能独立地从进水渠道得到所需的水，并能独立地将池水排放到总的排水沟里，而不是排放到相邻的鱼池，这样就可以避免因水流而把病原带到另一个池塘。

2. 放鱼前的准备

池塘是鱼类生活栖息的场所，也是鱼类病原体的滋生场所，池塘环境的好坏，直接影响到鱼类的健康，所以放鱼前一定要彻底清塘。通常所说的彻底清塘包括清整池塘和药物清塘。

（1）清整池塘 淤泥不仅仅是病原体滋生和储存的场所，其分解时要消耗大量氧气，在夏季容易引起泛池；而在缺氧情况下，淤泥分解产生大量氨气、硫化氢、亚硝酸盐等，能引起鱼类中毒。

清除池底过多的淤泥，或排干池水后对池底进行翻晒、冰冻，可以加速土壤中有机物质转化为营养盐类，并达到消灭病虫害的目的；对湖边或库边常年有水渗入、无法排干池水的池塘，可以用泥浆泵吸出过多淤泥。同时拔除池中、池周的多余水草，以减少寄生虫和水生昆虫等产卵的场所。

注意

清除的淤泥和杂草不要堆积在池埂，以免被雨水重新冲入塘中，应远远地搬离池塘。

（2）药物清塘 塘底是很多鱼类致病菌和寄生虫的温床，所以药物清塘是除野和消灭病原的重要措施之一。目前生产中常用的清塘药物有以下几种。

1）生石灰清塘。方法有两种，一种是干池清塘，即排干池水，或留水6～9厘米，每亩（1亩≈667米^2）用生石灰75千克，视塘底淤泥多少而增减。清塘时，在池底挖几个小坑，将石灰放入，用水乳化，趁热立即均匀全池泼洒。第二天早晨用长柄泥耙耙动塘泥，充分发挥石灰的药效。一般清塘7～8天后药力消失，即可注水放

鱼。加注新水时，野杂鱼和病虫害可能随水进入池塘，因此要在进水口加过滤网过滤。第二种是带水清塘，每亩水深1米用生石灰150千克，将生石灰放入船舱或木桶内，用水乳化，趁热立即均匀全池泼洒。带水清塘后7~8天，药力消失可直接放鱼，不必加注新水，这样就防止了野杂鱼和病虫害随水进入池塘的危险，因此防病效果比干池清塘法更好。

2）氯制剂清塘。目前，市场上销售的氯制剂有漂白粉、优氯净（也叫漂白精、二氯异氰尿酸或二氯异氰尿酸钠）、强氯精（三氯异氰尿酸或三氯异氰尿酸钠）、二氧化氯、溴氯海因、二溴海因等。各种氯制剂有效氯含量不同，使用剂量也不同。漂白粉使用量为每立方水体20克，其他制剂可按说明书使用。使用时，先用水溶化，然后立即全池泼洒，之后用船桨划动池水，使药物在水中均匀分布。施药后4~5天药力消失，即可放鱼。

3）茶籽饼清塘。茶籽饼又名茶粕，是广东、广西、湖南、福建等南方省区普遍采用的清塘药物。使用量为每亩水深1米用40~50千克，先将茶籽饼粉碎，放入木桶中，加水调匀后，立即全池泼洒。清塘后6~7天药力消失。

除了以上介绍的几种清塘药物外，还有氨水、鱼藤酮等，各地可因地制宜，斟酌使用。

3. 购买苗种应注意的问题

（1）购买检疫合格的苗种　我国地域广阔，很多地方都有特殊的地方性鱼病，如广东、广西1龄草鱼所患的九江头槽绦虫病、饼形碘泡虫病，鲮鱼苗的鳃霉病；浙江地区的青鱼球虫病、肠炎病，草鱼肠炎病，鲢鱼、鳙鱼的疯狂病；江西和广东连州市的打粉病，以及湖南、湖北等地的小瓜虫病等。这些病都在一定地区范围内流行，近年来随着我国淡水渔业的发展，鱼苗、鱼种的地区间相互调运十分频繁，一些地方性鱼病有传播蔓延的趋势，如目前在新疆、山东等北方地区养殖场已发现九江头槽绦虫病，它不仅危害当地养殖鱼类，同时对野生鱼类构成严重威胁。因此，购进苗种前应要求苗场提供苗种检验报告。

（2）选用国家级或省级良种场生产的苗种　许多小型苗种场常年使用自留亲鱼进行苗种生产，很容易造成近亲繁殖，使得苗种生产力、生活力、抗病力下降，在养殖期间生长速度下降，容易感染疾病。而国家级或省级良种场生产苗种时，经常到各种鱼类的原产地采捕野生鱼作为亲鱼，能够保证后代的生产力、抗病力。因此，在选购苗种时应尽量选用国家级或省级良种场生产的苗种。

（3）购苗时要做疫情调查 选择从那些最近一年内无重大疾病发生的苗种场购苗。一些苗种场在一年内有重大疾病发生，后来由于水温下降或药物抑制等原因，疾病已经不表现出症状。但是，当我们买回该场的苗种后，很可能引起疾病大规模发生。因此，对于那些在一年内有重大疾病发生的苗种场销售的苗种，最好不要购买。

（4）重视苗种起运前和放养前的消毒工作 苗种起运前和放养前的消毒工作是杜绝病原进入池塘的重要措施之一。对苗种进行消毒时，药效的发挥与消毒药物的剂量、消毒水温和时间密切相关（表1-1）。一般来说，水温高，药物剂量可小一些，浸泡时间可短一些；水温低，药物剂量要大一些，浸泡时间要长一些。否则，药效无法发挥，反而使病原产生抗药性，起到相反的作用。

表1-1 苗种消毒药物在不同水温下的浸浴时间及所能防治的疾病

药物	水温	浸浴时间	预防疾病
漂白粉（有效氯含量为10克/米^{3}的溶液）	10～15℃	25分钟	对细菌、病毒、真菌均有不同程度的杀灭作用，可有效预防细菌性赤皮病、烂鳃病、竖鳞病、水霉病等
	15～20℃	15分钟	
硫酸铜（10克/米^{3}的溶液）	15℃	20分钟	可预防烂鳃病、赤皮病、车轮虫病、斜管虫病、隐鞭虫病等
食盐（20～30克/升的溶液）	—	5～10分钟	防治烂鳃病、赤皮病等细菌性鱼病和纤毛虫、鞭毛虫及嗜子宫线虫等病
高锰酸钾（20克/米^{3}的溶液）	20℃	20分钟	可防治三代虫病、指环虫病，对车轮虫、斜管虫等病也有效

另外，在消毒过程中，还应注意以下几点。

① 一次消毒鱼量不要太多，以免缺氧。

② 浸泡时间与水温有关。

③ 药浴后不用捞鱼以免使鱼体受伤，可将药水同鱼一起轻轻倒入池中。

④ 一盆药一盆鱼，不要重复用，以免药液稀释失效。

⑤ 不用金属容器。

⑥ 溶解药物须使用清水。

注意

所购买的苗种要求体色正常，体形饱满，体态优雅，无伤无病无残，同一品种规格一致。

4. 养殖期间的防病措施

（1）提早放养，提早开食　把春季放养改为冬季放养，是总结过去春季放养多发鱼病后的重要改革措施。因为春季放养时水温已上升，病原体开始生长繁殖，而鱼类经过越冬，体力消耗太大，体质瘦弱，鳞片松动，鱼体易受伤，病原菌就容易乘虚而入，使鱼发病；而冬季水温低，鱼类体质肥壮，鳞片紧密，不易受伤。即使有些鱼体在运输、放养时受伤，但这时病菌也处在不活跃状态，鱼类有充足的时间恢复创伤。到春季水温上升时，放养鱼类便会提早开食，进入正常生长，增强了抗病力，也就不易发病了。

（2）合理混养　合理混养是提高单位面积产量的技术之一，也是预防鱼病发生的重要措施。在放养苗种密度相同、环境条件相同、管理水平相当的条件下，放养单一苗种的池塘比多种鱼类混养的池塘发病率高，而且鱼病发生后较难控制。因为不同苗种的寄生物不完全相同，某些寄生物只能寄生于某种寄主，由于混养的原因，就使得这种鱼的个体密度稀松了，相互之间传染性也降低了。

（3）苗种放养时注意事项　苗种放养时应注意池水、天气和苗种三方面的情况。

首先，放养时池水透明度为25厘米左右，水质肥沃，水色正常，是以绿藻、硅藻、金藻为优势藻种形成的绿色、黄绿色和褐绿色，且不含敌害生物，无丝状体藻类过量繁殖。池水pH应在7.5左右，超过此范围应用换水方法解决，或用生石灰调节。鱼池水温与运输水温尽量一致，温差一般不超过3℃。用充氧鱼苗袋运输时，如果池水水温过低，应将运输鱼苗袋不开口直接放入鱼池，15～20分钟后，待运输水温与鱼池水温基本一致时再开口放鱼。

典型案例

2017年，山东省泰安市夏张镇一钓鱼场购买3000千克鱼种，4月下旬运输，当时气温达26℃，水温仅15℃左右。经敞篷车未充氧运输半天后到达池塘，未调温直接放入鱼池。结果第二天开始出现死亡，一周内鱼种死亡80%以上。

其次，放养时气温要适宜，无寒流，无大雨，无大风，最好选择晴天的上午；有微风时，要在池塘的上风头放苗。还要注意鱼苗或鱼种规格达到养殖的要求，即体色正常，体表干净，无黏附物，游动活泼，反应灵敏，无伤无病无残。大小整齐，同一鱼池要放同一来源的苗种。如同一鱼池的来源有困难，也最好是同一地区的，千万不要多地混杂；否则，因各地运来的鱼体大小、肥满程度、抗病力等都不同，造成饲养管理上的困难，容易导致鱼病发生。

注意

① 若用敞口容器运输，必须先用池水慢慢向运输容器中兑水，待运输水温与鱼池水温基本一致时再放鱼。这一点是必须要注意的，尤其对于放养苗种为乌仔时，更为重要。

② 千万不要在傍晚放养，傍晚放养会使苗种在半夜因缺氧而死亡。

（4）做好“四消” 即“苗种消毒、饵料消毒、工具消毒、食场消毒”。

1）苗种消毒。多年来的实践证明，即使最健壮的苗种，也或多或少地带有一些病原体。为防止这些病原体在新塘中传播开来，苗种入塘前必须进行浸泡消毒，以杀灭皮肤和鳃部的细菌和寄生虫。

2）饵料消毒。除商品饵料外，病原体往往随饵料带入，因此投放的动植物饵料必须清洁、新鲜，最好能先进行消毒。一般植物性饵料，如水草，可用6克/米^{3}漂白粉溶液浸泡20~30分钟；动物性饵料，如螺蛳等一般采用活的或新鲜的，洗净即可；肥料最好先进行腐熟或加入1%的生石灰处理一段时间后，再投入池塘。

3）环境卫生和工具消毒。经常捞除池中的草渣、残饵、水面浮沫等，保持水质良好。及时捞出死鱼和敌害生物并妥善处理。渔场中使用

的工具如果不能做到单塘单用，则应在工具用后将其放入 10 克/米^3 的硫酸铜溶液中浸泡 5 分钟，冲洗干净备用；或在阳光下曝晒一段时间，再妥善收藏，可防潮防虫。

4）食场消毒。食场内常有残渣剩饵，残饵的腐败常为病原体的滋生繁殖提供有利条件，尤其在水温较高时，最易引起鱼病流行发生。所以除了经常注意投饵量应适当、每天清洗食场外，在鱼病流行季节，每周要对食场进行 1 次消毒。

食场消毒多用漂白粉，方法一是挂篓（袋）法，二是撒播法。挂篓法是用密的竹篓（或密眼筛绢袋，布袋易被腐烂）装漂白粉 100 ~ 150 克，分散挂于食场附近，如草鱼的三角草框、青鱼的食台等，每天换 1 次漂白粉即可。撒播法是将漂白粉直接撒在食场周围，其用药量没有严格规定，可根据食场大小、水的深浅等酌情放药，多放些一般不会危害鱼类，因为如果鱼忍受不住，即自行游开。食场消毒要根据水质、季节定期进行，鱼病流行前，要勤消毒。

【小窍门】>>>>

为使竹篓能沉于水中，可在篓底放一小石头，沉入水中的竹篓要加盖，以防漂白粉溢出。

注意

漂白粉与硫酸铜混合使用时，每立方米水体用漂白粉 10 克和硫酸铜 8 克，但应将两种药物分别溶解后再混合，10 ~ 20℃ 条件下浸泡 20 ~ 30分钟即可。

采用挂袋法进行食场消毒时应注意：

A. 选择药物时，鱼对该药物的回避剂量要高于治疗剂量。如鲢鱼对硫酸铜 50% 的回避剂量为 0. 3 克/米^3 水体，而全池遍洒的治疗剂量一般为 0. 7 克/米^3 水体，所以此法就无效，挂篓（袋）法不应选择硫酸铜，而敌百虫和漂白粉则可用。

B. 剂量要合适，太大鱼不来吃食，太小不起作用。用挂袋法时，一般每个食场挂 3 ~ 6 袋，每袋漂白粉 150 克或晶体敌百虫 100 克。

【小窍门】>>>>

第一次挂篓或挂袋后，应在池边或网箱边观察1小时左右，看鱼是否来食场吃食，如果不来吃食，表明药物剂量太大，应适当减少挂篓或挂袋的数量。

C. 为提高治疗效果，挂袋前一天要停食，并在挂袋几天内喂鱼最喜欢吃的食物。而且，投饵量应比平时略少一些，以保证鱼在第二天仍来吃食。

D. 如果鱼平时没有定点摄食的习惯，那么应先驯化鱼定点摄食，一般需要5~6天，然后再用药。

注意

用3%~5%的食盐溶液对水霉有一定的预防效果；将漂白粉与硫酸铜混合使用，除对小瓜虫、黏孢子虫和甲壳动物无效外，大多数寄生虫和细菌都能被消灭；高锰酸钾和敌百虫对单殖吸虫和锚头鳋有特效。消毒药物、剂量和浸泡时间前面已有介绍。

（5）投饵应“四定” 投饵时坚持“定时、定点、定质、定量”，不仅能有效地防止饵料浪费，也可避免残渣剩饵污染水质，起到改善环境、预防疾病的作用。

1）定时。是指同一池塘，每天投喂时间要相对固定，使鱼形成定时摄食的习惯。当然，定时投喂，也不是机械不变的，可随季节、气候作适当调整。如网箱养鱼，一般春季每天喂4次，而夏季每天喂6~8次，在时间上就应有不同；如果早晨有浓雾或鱼类“浮头”或下大雨，就应适当推迟投饵时间。

2）定点。是指投饵地点要相对固定，使鱼养成到固定地点（即食场）摄食的习惯，这样便于观察鱼类动态，检查池鱼吃食情况，而且在鱼病流行季节，也便于进行药物预防。

【小窍门】>>>>

一次投喂的饵料，应以3~4小时内吃完为标准，如果有剩余的饵料，应及时捞出，不能任其在池中腐败变质，败坏水体。

3）定质。是指投喂的饵料要新鲜和有一定的营养，不含病原体和有

毒有害物质。近几年由于饲料中添加的喹乙醇引起的鱼类应激性出血病已屡见不鲜，商品饵料中的有害添加剂问题应引起足够的重视。

4）定量。是指每次的投饵量要均匀适当。

（6）日常管理注意“三看”　养殖期间，每天要多次检查鱼池，注意“三看”，即“看水、看天、看鱼”。

1）看水。要看水的透明度的变化、看水色的变化、看水中动植物的变化，对养殖不利的变化，要及时采取措施。如透明度低于25厘米，说明水太肥，要及时加注新水；水太清，则要及早施肥。

2）看天。要看天气变化，如夏季高温季节，傍晚蚊蝇低飞、天气闷热，可能要下雨，就要预备半夜为鱼池增氧；连绵阴雨，就需要准备好随时增氧。

3）看鱼。要看鱼的活动情况、摄食情况、体色情况、体表状况等，如果鱼在水中频繁跳动，或沿池边狂游，或头上尾下游泳，可能是有寄生虫；若鱼在投喂时不摄食，沿池边慢游，可能是饵料不适口，或投喂量过大，或身染疾病等原因；若鱼头部发黑，或体色有异常，可能是患病，这些情况都应及时诊断，及时采取补救措施。

（7）利用水质改良剂改良水质　有条件的养殖户可以经常用光合细菌（依使用说明）、枯草芽孢杆菌（依使用说明）、麦饭石（每亩30~50千克）、沸石（每亩20~30千克，严重污染时每亩50~500千克不等）、膨润土（每亩50~100千克）、明矾（即十二水合硫酸铝钾，每亩2千克）、钢渣（高温污染严重的池塘每平方米1~2千克）、过氧化钙（每10天5~10克/米^3）等水质改良剂改良水质。

注意

麦饭石、沸石粉、膨润土等不能与光合细菌、枯草芽孢杆菌等同时使用，否则会影响光合细菌、枯草芽孢杆菌的效果。

（8）小心操作，避免鱼体受伤　鱼体受伤通常是鱼病发生的直接原因。所以，在日常生产中，拉网、倒池、放养、运输操作，一定要动作小心、轻巧、快捷，尽量避免鱼体受伤，杜绝病原菌或寄生虫侵袭的机会。对受伤的鱼，一定要挑出，浸泡消毒后另池饲养，直至痊愈后才放回正常饲养池。

（9）定期药物预防　养殖过程中，定期进行药物预防是必不可少的。池塘中，每隔 10 ~ 15 天，每亩水深 1 米使用 20 ~ 25 千克生石灰，既可改良水质，又可杀菌防病，是通常使用的预防措施。用中草药扎成小捆，放在池中沤水，也是不错的选择之一。如乌桕叶沤水防烂鳃，楝树枝沤水防车轮虫病等。使用挂篓（袋）法，在食场周围形成一个消毒区，利用养殖生物来摄食，反复通过数次，达到预防目的。在网箱养鱼中，使用此法比其他方法方便。

【小窍门】>>>>

使用中草药沤水预防疾病时，可以在水面处拉一条绳子，将草药捆扎成束，挂在绳子上，再浸入水中。几天后，提起绳子，更换草药。

鱼病多发季节，还需经常使用体内药物预防。一般采用口服法，将药物拌在饵料中投喂。使用时应注意：

1）饲料必须选择鱼最爱吃的，营养丰富，能碾成粉末的，而且制成药饵后的浮沉性要和鱼的习性相符。比如，草鱼要用浮性的米糠等，青鱼要用沉性的菜粕等。

2）颗粒料要有足够的黏性，在水中 1 小时左右不散开，鱼吃下后又易消化吸收。

3）饵料颗粒要大小适口。

4）在计算药量时，除了尽可能地估计病鱼的体重外，对食性相同或相似地其他种类的鱼也要计算在内；而大小相差悬殊的，即使是同一种鱼，大鱼体重也可不算在内，但在投喂药饵的周围必须设置栅栏，只允许小鱼进入药饵区。

5）投喂量要比平时少 20%~30%，以保证鱼天天都来吃药饵，并将药饵吃完，连喂 3 ~ 6 天。

（10）人工免疫 就是用给鱼注射、喷雾、口服、浸泡疫苗等人工方法，促使鱼获得对某种疾病的免疫力。目前，在草鱼的出血病、鳖的各种细菌和病毒病、对虾的疾病和淡水鱼类细菌性出血败血病的防治过程中，免疫法得到了广泛的应用。

（11）越冬前要进行严格处理 养殖鱼越冬前要大小分养，严格消毒，加强投喂。有伤有病个体要挑出单独养伤养病，痊愈后再入越冬池或网箱。如果不加处理，让养殖鱼在池塘或网箱中自然越冬，第二年一开春，养殖鱼会因发生各种各样的疾病而陆续死亡。

第二节　鱼病诊断的一般方法

鱼病发生后是否能尽快地得到控制，对鱼病迅速地做出正确的诊断是首要步骤。只有先确定鱼所患疾病，才能对症下药，取得好的治疗效果。诊断鱼病应从以下两个方面进行。

一、现场调查

1. 了解鱼出现的各种异常现象

鱼生病后，会表现出各种异常现象，如在水面悬浮、离群独游、摄食量突然急剧下降等。发生急性型鱼病时，病鱼一般在体色、外观和体质上与正常鱼差别不大，仅病变部位稍有变化，但一经出现死亡，死亡率会急剧上升；而发生慢性型鱼病，则往往体质消瘦、活动缓慢、体色发黑、离群独游，死亡率一般呈缓慢上升趋势。

鱼类受到寄生虫侵袭时，往往出现焦躁不安。如鱼鲺侵袭，鱼的体色变化不大，但鱼出现上蹿下跳，阵性狂游；当鲢碘泡虫侵袭鲢鱼时，鱼的尾部上翘露出水面，在水中狂游乱窜打圈子。因农药或工业污水排放造成鱼类中毒时，鱼会出现跳跃和冲撞现象，一般在较短时间内就出现麻痹甚至死亡。由寄生虫引起的死亡，一般是缓慢地逐渐增加，除集约化养殖发现指环虫、三代虫的侵袭在短期内造成大批死亡外，池塘养鱼死亡率一般不会太大；可是若遇鱼类中毒，则往往在极短的时间内，出现大批鱼类死亡，而且不分品种，“四大家鱼”、野杂鱼、泥鳅都会毫不例外地死亡。因此，及时到现场观察鱼的活动情况对于鱼病的及时诊断和处理具有至关重要的意义。

典型案例

泰安某小型水库1.25万千克商品鱼3天内全部死亡。据调查，该水库放养个体规格100克的鱼种达400千克/亩，经4个多月的养殖，个体规格已达0.5千克以上，粗算起来该小水库成鱼密度可达1200千克/亩以上；在养殖过程中，又经常投放未经发酵的厩肥，在雨季时连续几天的连绵阴雨，又无增氧和注水设备，最终导致第一天鲢鱼陆续出现成批死亡，第二天草鱼和鲤鱼也开始出现批量死亡，下午鲫鱼也有死亡现象，至第三天晚间，水库中鱼已死亡90%以上。通过综合调查分析，基本可诊断为缺氧泛池死亡。

调查中，还应注意病鱼是陆续少量死亡，还是死亡有明显的高峰期，前者应考虑是寄生虫侵袭的可能，而后者可能是传染性鱼病。

2. 了解水质和环境情况

1）水温与鱼病的流行有密切的关系，各种病原体都有其繁育生长的最佳温度范围。很多致病菌和病毒在平均水温25℃左右时，毒力显著增高，水温降到20℃以下时，则毒力减弱，使病情减弱或停止。斜管虫宜在水温12～18℃时大量繁殖；小瓜虫生长和繁殖的水温，一般在15～25℃，当水温低于10℃以下或高于26℃时，则停止繁殖。观察水的颜色，对水质情况也可进行大致了解。水中腐殖质多时，水呈褐色；水中含钙质多时，呈现天蓝色；微囊藻大量繁殖时，水呈铜绿色；城市排出的生活污水，一般呈黑色；当水质被污染时，因污水种类和性质不同而出现不同的颜色，如红、黑、灰白色等，透明度也会随之大大降低。水中的溶解氧、pH、氯化物、硫化物等与鱼病流行的关系极为密切。有的鱼池数年不清塘，有的网箱长年摆设于一个地方，鱼的粪便和残饵大量沉积，当水底溶氧量减少时，嫌气微生物发酵分解产生硫化氢，不仅容易使鱼类中毒，而且更加剧了溶氧的缺乏，造成鱼类“浮头”或窒息死亡。目前网箱养鱼在寒冷的冬季常发生大批死鱼，多数是因水温高于气温，底层水温高于表层水温，使养殖区域库水上下对流，造成缺氧所至。有机质多而水质发臭的水，一般都适宜鳃霉的大量繁殖，引起鳃霉病的流行；酸性水常引起嗜酸性卵甲藻病的暴发；氯化物和硬度高的水，则会促使小三毛金藻大量繁殖，造成鱼类中毒死亡。

2）了解周围的环境中是否存在污染源或流行病的传播源，鱼池周围的环境卫生，家畜、家禽、螺蚌及其敌害生物在渔场内的数量和活动情况等，特别对一些急剧的大量死鱼现象，尤其需要了解附近农田施药情况和附近厂矿排放污水情况，在工业污水和农药中，尤以酚、重金属盐类、氰化物、酸、碱、有机磷农药、有机氯和有机砷等对鱼类危害较大。一旦确诊为中毒死亡，应迅速了解施药的种类或污水中的主要致死化学成分，以便采取应急措施。

3. 了解饲养管理情况

对投饵、施肥、放养密度、放养品种和规格、各种生产操作记录及历年发病情况等都应作详细了解。投喂酸败饲料和腐烂变质的饲料，容易引发鱼的瘦背病和死亡；放养密度过大，鱼摄食量不足，体质差，对疾病的抵抗力弱，也容易引起疾病；施肥量过大，在池中直接沤肥，投

饵量过多等，都容易引起水质恶化，造成缺氧，影响鱼的生长，同时给病原体和水蜈蚣等敌害生物创造了条件，导致鱼的大批死亡；水质过瘦，饵料生物缺乏，又容易引起跑马病、萎瘪病的发生；拉网等操作造成鱼体损伤后容易引起白皮病和肤霉病等。

调查中还应了解以前治疗的情况，应详细询问曾用过何种药物，效果如何，这些情况都有助于对鱼病做出正确的诊断。

二、鱼体检查

通过以上的现场调查，只是对与鱼病有关的外部环境有了初步的了解，要对鱼病做出正确的诊断，主要靠对鱼体的检查。检查病鱼时，最好捞取濒临死亡而未死的病鱼进行检查，如果达不到这一要求，也要尽可能地选用刚刚死亡且体色未变、尚未腐败的鱼进行检查（受检鱼至少3～5尾）。需要带回室内检查时，受检鱼应放在盛有水的水桶内。

提示

如果病鱼已死，盛水带回时，可能某些寄生虫就会离开鱼体而影响检查，此时可用湿布或湿纸包裹带回。

1. 肉眼检查

肉眼检查是诊断鱼病的主要方法之一，有些鱼病仅通过肉眼就可诊断。由于有些病原体的寄生部位，往往呈现出一定的病理变化，有时症状还很明显，例如，水霉及一些大型的寄生虫（如蠕虫、甲壳动物、体形较大的原生动物等），用肉眼就可识别出来。传染性鱼病常常表现为出血症状；而寄生虫病，常表现出黏液分泌增多、发白、有点状或块状的胞囊等症状。通过肉眼观察其不同的症状，对于某些鱼病就可做出初步的诊断。所以，肉眼检查法是一种较为方便并能收到较好效果的方法。

对患病鱼体进行检查，一般要检查体表、鳃、内脏3部分，检查顺序和方法如下。

（1）体表检查　将病鱼放在解剖盘内，按顺序从病鱼的头部、嘴、眼睛、鳞片、鳍条等部位逐次仔细观察。在体表的一些大型病原体（水霉、锚头鳋、鱼鲺、钩介幼虫等）很容易被看到。但有些肉眼看不见的小型病原体，则需要根据所表现出的症状来判断，如车轮虫、鱼波豆虫、斜管虫、三代虫等，一般会引起鱼体分泌大量黏液，或者头、嘴及鳍条末端腐烂，但鳍条基部一般无充血现象；如有角膜混浊，有白内障时，很可能是复口吸虫病；草鱼赤皮病，则鳞片脱落，局部出血发红；鲢鱼打印病，在鱼腹部两侧或一侧有圆形红色腐烂斑块，像盖过的印章；如果草鱼鱼体发黑，背部肌肉发红，鳍基充血，肛门红肿，剥皮可见肌肉出血，可能是患有病毒性出血病或肠炎病。

（2）鳃部检查　鳃部检查的重点是鳃丝。首先注意鳃盖是否肿胀，鳃盖表皮有没有腐烂或变成透明现象；然后用剪刀将鳃盖除去，检查鳃丝是否正常。如鳃丝腐烂发白带黄色，尖端软骨外露，并沾有污泥和黏液，多为烂鳃病；鳃丝末端挂着似蝇蛆一样的白色小虫，常常是寄生了中华鳋；鳃部分泌大量的黏液，则可能是患有鳃隐鞭虫、鱼波豆虫、车轮虫、斜管虫、三代虫、指环虫等寄生虫病；鳃片颜色比正常的鱼较白，并略带红色小点，多为鳃霉病。

（3）内脏检查　内脏检查的内容很多，要认真做好记录。将病鱼放在解剖盘内，用剪刀或手术刀将一侧鱼鳞去掉一些，在去鳞处剪开皮肤，剥去一部分皮肤，看皮肤是否变为红色；再从肛门处下剪，一路向上剪至体腔背部，再转向前剪，一直剪至鳃盖后缘，另一路沿腹中线向前剪，至鳃盖后下缘，最后将这一侧皮肤整个去除，露出内脏器官。先观察腹内是否有腹水，腹水的颜色如何，有无肉眼可见的寄生虫，如鱼怪、线虫、舌状绦虫、长棘吻虫等。然后仔细地将体内各器官用剪刀分开，分别仔细观察各器官有无患病症状。

1）肝胰脏：是否肿胀，是否有变色，是否呈花斑状，是否有白点，是否有脓包或结疖等。

2）胆囊：是否肿大，是否颜色变浅，是否胆汁变稀薄。

3）肾脏：是否肿胀，是否有变色，是否呈花斑状，是否有脓包或结疖等。

4）脾脏：是否肿胀，是否有变色，是否呈花斑状，是否有出血点，是否有脓包或结疖等。

5）心脏：是否肿胀，是否有出血点或出血斑等。

6）肠道：取出肠道，从前肠至后肠剪开，分成前、中、后3段，放在解剖盘中，轻轻把肠道中的食物和粪便去掉，然后进行观察。如发现肠道全部或部分出血呈紫红色，则可能为肠炎病或出血病；前肠壁增厚，肠内壁有散在的小白点或成片状物，可能是黏孢子虫病或球虫病。在肠内寄生的较大的寄生虫，如吸虫、绦虫、线虫等都容易被看到。

目检主要以症状为主，要注意各种疾病不同的临床症状，一种疾病

在临床上通常有几种不同的症状，如肠炎病，有鳍基部充血、蛀鳍、肛门红肿、肠壁充血等症状；同一种症状，几种疾病均可以出现，如细菌性赤皮、烂鳃、肠炎等病，均能出现体色发黑、鳍基部充血等症状。因此，目检时要认真检查，全面分析，抓住典型症状进行综合判断。

2. 显微镜检查（镜检）

肉眼检查主要是以症状为依据，如果同一尾鱼体并发两种以上的症状，就很难确定鱼患何病。还有的症状好几种鱼病都存在，如体色变黑、蛀鳍、烂尾、鳞片脱落、鳃丝分泌黏液增多等症状均在多种鱼病中出现。在这种情况下，仅靠肉眼检查是不能确诊的，必须进一步用显微镜检查，方可做出进一步的诊断。

（1）镜检的注意事项

1）用活的或刚死亡的病体检查。

2）保持湿润。待检病体如体表干燥，则寄生虫和细菌会死亡，症状也会模糊不清。

3）检查工具要清洁卫生。

4）海水动物的检查需用清洁的海水或生理盐水，淡水动物的检查需用清洁的淡水或生理盐水。

5）一时无法确定病原体的，要妥善保留好标本。

6）保持脏器完好。打开体腔后，要保持内脏器官的完好无损，有利于观察病灶部位。

（2）检查方法

1）玻片压展法：取被检动物器官或组织的一小部分，或一滴黏液或一滴肠内容物等，置于载玻片上，滴少许清水或生理盐水，用另一载玻片压平，然后置低倍显微镜下观察，辨认病原体。检查后用镊子或解剖针或微吸管取出寄生虫的可疑组织，分别放入盛有清水或生理盐水的培养皿中，以待作进一步的处理。

2）载玻片法：此法适用于低倍或高倍显微镜检查。取要检查的小块组织或一小滴内含物置于载玻片上，滴入少许清水或生理盐水，盖上盖玻片，轻轻压平（避免产生空气泡），先置于低倍镜下检查，寻找目标，然后再用高倍镜观察，以确定病原体。如果是细菌引起的疾病，制片时还要染色。

镜检一般先要用目检来确定病变部位，然后再用显微镜作细微的全面检查。镜检的重点同样是鱼的鳃丝、体表、内脏等病变部位。但由于镜检只能检查很小的部分组织，为了避免遗漏，每一个病变部位至少要制3个片子，检查不同点的组织。

（3）检查项目

1）黏液：在鱼的体表黏液中，除了肉眼可见的较大型的寄生虫和病征外，往往有许多肉眼看不见的病原体，如颤动隐鞭虫、鱼波豆虫、车轮虫及吸虫囊蚴等，黏孢子虫和小瓜虫的胞囊肉眼也不易区分。在检查时，先用解剖刀刮取鱼体表的黏液，然后按照镜检方法将黏液放到显微镜下观察。

2）鼻腔：用镊子或微吸管从鼻腔内取少许内含物，置显微镜下检查，可发现黏孢子虫、车轮虫等原生动物。然后用吸管吸取少许清水注入鼻孔中，再将液体吸出，置于培养皿中，用低倍显微镜观察，可发现指环虫、鳋类等。

3）血液：从鳃动脉或心脏取血。如从鳃动脉取血，先剪去一侧鳃盖，然后左手用镊子将鳃瓣掀起，右手用微吸管插入鳃动脉或腹大动脉吸取血液。吸起的少许血液可直接放在载玻片上，盖上盖玻片，在显微镜下检查；吸起较多的血液，可放入培养皿内，然后再取一小滴制成玻片，在显微镜下检查。如从心脏取血，先除去鱼体腹面两侧鳃盖之间最狭处的鳞片，再用尖的微吸管插入心脏，吸取血液。血液镜检可发现锥体虫、拟锥体虫等原生动物。培养皿内的血液用生理盐水稀释后，在显微镜下检查，可发现线虫和血居吸虫。

4）鳃：可先用剪刀剪取一小片鳃组织，放在载玻片上，滴入适量的清水，盖上盖玻片在显微镜下观察；然后刮取鳃片上的黏液或可疑物，同样按上述方法进行检查。鱼的鳃是特别容易被病原体侵袭寄生的部位，鳃隐鞭虫、黏孢子虫、微孢子虫、肤孢虫、车轮虫、斜管虫、小瓜虫、半眉虫、舌杯虫、毛管虫等原生动物，指环虫、三代虫、双身虫等单殖吸虫，复殖吸虫囊蚴，软体动物的幼虫及鳋类等，在鳃上往往都会寄生。为了检查的准确性，每边的鳃至少要检查2片以上，取鳃组织时，最好从每一边鳃的第一片鳃片接近两端的位置剪取一小块，寄生虫大多在鳃片的这两个位置上有寄生。

5）体腔：打开体腔，发现有白点，用显微镜检查，可发现黏孢子虫、微孢子虫、绦虫等成虫和囊蚴。

6）脂肪组织：脂肪组织如发现白点，压片镜检，可发现黏孢子虫。

7）胃肠：首先应把肠道外壁上所有的脂肪组织尽量去除干净，不然

在检查时，脂肪进入肠道内的检查物，会妨碍观察。脂肪去除后，一般是先进行肉眼检查，观察肠道外形是否正常，若肠道外壁上有许多小白点，通常是黏孢子虫或微孢子虫的胞囊；肉眼检查完后，一般是将肠道分为前肠、中肠和后肠3段，分别进行检查。胃肠道也是最容易受细菌和寄生虫侵袭的地方。除了引起肠炎的细菌外，其他很多寄生虫如鞭毛虫、变形虫、黏孢子虫、微孢子虫、球虫等原生动物及复殖吸虫、线虫、棘头虫、绦虫等都可经常发现，有时数量还相当大。复殖吸虫、绦虫、线虫和棘头虫，通常寄生在前肠（胃）或中肠；六鞭毛虫、变形虫、肠袋虫等，一般寄生在后肠近肛门3~6厘米的地方。

检查时除了注意发现较大型的寄生虫和在肠液中生活的寄生虫外，还应注意肠内壁上有无白色点状物或瘤状物，有无溃烂、发红、发紫、出血等现象。如果有小白点，压破其胞囊，往往可以看到大量的黏孢子虫，有时也会是微孢子虫。青鱼肠里溃烂或有白色瘤状物，往往是球虫的大量寄生；如果发红、发紫、出血等，则一般是细菌性肠炎。

8）肝脏：同样先用肉眼观察，注意肝脏的颜色与正常鱼有无明显变化，有无溃烂、病变、发白和肿瘤等。在肝脏的表面，有时可发现复殖吸虫的胞囊或虫体，有的则有黏孢子虫、微孢子虫或球虫形成的胞囊的小白点。将外表观察完后，从肝脏上取少许组织，放在载玻片上，盖上盖玻片，轻轻压平，先在低倍镜下观察，然后再用高倍镜观察，通常在病鱼肝脏上可发现黏孢子虫、微孢子虫等的孢子或胞囊，有时还有吸虫的囊蚴。

9）脾脏：镜检脾脏少许组织，往往可发现黏孢子虫或胞囊，有时可发现吸虫的囊蚴。

10）胆囊：胆囊壁和胆汁，除用载玻片法在显微镜下检查外，还要用压展法或放在培养皿里用低倍显微镜检查。胆囊内可发现六鞭毛虫、黏孢子虫、微孢子虫、复殖吸虫和绦虫幼虫等。

11）心脏：取一滴内含物，在显微镜下检查，可发现锥体虫、拟锥体虫和黏孢子虫。

12）鳔：用载玻片法和压片法同时检查，可发现复殖吸虫、线虫、黏孢子虫及其胞囊。

13）肾脏：取肾脏应当完整，如肾脏很大，则分前、中、后3段分别检查，可发现黏孢子虫、球虫、微孢子虫、复殖吸虫和线虫等。

14）膀胱：用载玻片法和压展法同时检查，可发现六鞭毛虫、黏孢子虫和复殖吸虫等。

15）性腺：取左右性腺，先用肉眼观察外表，常可发现黏孢子虫、微孢子虫、复殖吸虫囊蚴、绦虫的双槽蚴和线虫等。

16）眼：用弯头镊取出眼睛，放于玻片上，剖开巩膜，释出玻璃体和水晶体，在低倍显微镜下检查，可发现吸虫的幼虫和黏孢子虫。

17）脑：取脑组织少许，镜检可发现黏孢子虫和复殖吸虫的胞囊或尾蚴。

18）脊髓：把头部与躯干部交接处的脊椎骨剪断，再把尾部与躯干部交接处的脊椎骨也剪断，用镊子从前端的断口插入脊髓腔，把脊髓夹住，慢慢将其整条拉出来，分前、中、后3段检查，可发现复殖吸虫的幼虫和黏孢子虫。

19）肌肉：剥去皮肤，分前、中、后取小片肌肉组织，用玻片法和压展法检查，可发现黏孢子虫、复殖吸虫、绦虫和线虫等幼虫。

镜检的准确率取决于制片的技巧、显微镜的使用和对各种病原体外部特征的识别。制片厚薄要适当，先用低倍镜找到病原体，然后再用高倍镜仔细观察，以识别病原体的类型。如在检查中发现某种寄生虫大量寄生，可确定为某种疾病；如有几种寄生虫同时寄生，可根据虫体数量和危害程度的不同来诊断。同时，还要根据病鱼的症状和水体环境等因素，进行比较和分析，找出主要病原体和次要病原体。常见鱼类寄生虫检查方法见表1-2。

表1-2　常见鱼类寄生虫检查方法

检查方法	寄生虫名称
肉眼	头槽绦虫、锚头鳋、鱼鲺、舌状绦虫、毛细线虫、红线虫、棘头虫、长棘吻虫、中华鳋、鱼怪等
低倍镜	黏孢子虫、车轮虫、斜管虫、毛管虫、舌杯虫、小瓜虫、三代虫、指环虫、复口吸虫、钩介幼虫、血居吸虫卵等
高倍镜	鳃隐鞭虫、鱼波豆虫、黏孢子虫、青鱼艾美虫等

第三节　鱼病的实验室诊断

对于细菌性疾病和病毒性疾病来说，仅通过显微镜检查，还是无法

确定是由哪一种细菌或病毒引起的，这时应进行实验室检查。实验室检查的目的是对细菌性疾病和病毒性疾病的病原体进行分离、培养与鉴定、药敏试验等，以确定致病病原体及它们对哪些药物敏感，可以用哪些药物来治疗这种鱼病。

一、病原体的分离鉴定

病原体的分离鉴定是传染病确诊的基础，也是疾病研究和确诊新病的基本方法。

1. 病毒的分离鉴定

以无菌方法取患病生物的肝脏、脾脏、肾脏等内脏器官，剪碎、研磨或捣碎，用Hank′s液或生理盐水或磷酸盐缓冲液（pH 7.2）制成1∶10的匀浆，加入青霉素和链霉素，每毫升含量为800～1000国际单位（或微克），反复冻融3次，离心后取上清液，使其通过细菌滤器除菌，取滤液接种于敏感细胞或敏感生物，如果细胞出现细胞病变效应或生物出现与自然发病时相同的症状时即可证明病毒分离成功。要鉴定为何种病毒，需做电镜观察和特定试验，鉴定其核酸类型和生物学特性，对常见病毒最好用血清学实验或分子生物学实验方法进行快速鉴定。

2. 细菌的分离鉴定

将濒死鱼在无菌环境下用无菌水洗净并用紫外线照射，彻底清除体表杂菌后，以无菌方法从病灶深层的器官或组织内部取样接种到适宜的培养基，经28℃培养1～2天，取单个菌落纯化后用于致病性试验和细菌鉴定试验。通过致病性试验，被接种生物如果出现与自然发病相似的症状，并且从人工感染发病的生物体上能分离得到与接种菌相同的菌种，即可验证此菌种为本病的病原菌。再根据细菌形态特征和生理生化特性或血清学实验，对其进行鉴定。

二、免疫学诊断技术

免疫学诊断技术，又称血清学检测技术。利用已知的病原生物或者其产物，可以制备成诊断抗原、诊断血清。用诊断抗原可以通过检测水产生物血清中的特异性抗体，确认被检生物是否感染某种病原体或曾被某种病原体感染过；而采用标记的高效价的特异性抗体检测水产生物的组织，可以确认被检生物体内是否存在某种疾病的病原体。无论是应用诊断抗原追踪抗体，还是应用诊断血清检测抗原，都是利用免疫学原理，即抗原和抗体在适宜条件下可以发生特异性反应的特性。利用这一特性，人们通过单克隆抗体技术、酶联免疫吸附测定、免疫荧光抗体技术及中和试验技术等技术来检测疾病。

1. 单克隆抗体技术

单克隆抗体是由一个抗体产生细胞与骨髓瘤细胞融合，产生杂交瘤细胞，再经大量繁殖而来的细胞群所产生的抗体。所以，与常规血清抗体相比，其特异性强，亲和性一致，还具有识别单一抗原决定簇的特性。

2. 酶联免疫吸附测定（ELISA 法）

ELISA 的基本原理是：受检物中的抗原或抗体与固相表面的抗体或抗原发生免疫反应并结合在固相表面，此抗原抗体结合物又能结合相应的酶标记物，用洗涤法去除未结合而游离的酶标记物，继而加入酶反应的底物后，底物被酶催化为有色产物，显色的程度与受检物中的抗原或抗体的量直接相关，由此可根据显色的深浅进行定性或定量的测定。

3. 免疫荧光抗体技术

荧光抗体技术是最早使用的免疫诊断技术之一。本方法有免疫学反应的特异性和荧光技术的敏感性，可比较快速地监测出少量抗原或抗体在细胞内或组织中的定位分布。国外学者已将直接荧光抗体技术用于鱼类病原菌的鉴定、鱼体中病原菌的定位、鱼类病原菌数量的测定、病原菌血清型的鉴定及鱼类疾病的快速诊断。

4. 中和试验技术

中和试验技术是测定鱼类的抗体或抗原中和抗原或抗体的能力。主要用于病毒鉴定和病毒性抗体的测定及查获无征象的带病鱼。

三、分子生物学诊断技术

1. 聚合酶链式反应（PCR）

PCR 技术是在引物指导下，依赖于模板和 DNA 聚合酶的酶促反应，它类似于生物体内的 DNA 复制，通过反复的变性、复性和延伸，在较短的时间内，可使微量 DNA 片断的目的基因数量呈几何级数扩增。因此，在掌握了病毒的 DNA 序列后，可设计特异性较强的引物，以极低的浓度扩增出大量的基因片断，从而达到检测的目的。

2. 核酸杂交技术

核酸杂交技术，是随着基因工程技术的发展而发展起来的第三代诊断技术。该技术利用核苷酸碱基序列互补的原理，以标记的已知核酸片断，通过核酸杂交，来监测和鉴定样品中的未知核酸。与传统的诊断方

法相比，核酸杂交技术具有快速、简便、敏感度高和特异性强的特点。

3. 磁免疫 PCR 技术（MIPA）

MIPA 技术综合了磁分离技术、免疫学技术和 PCR 技术，三者结合大大改善了诊断的速度。MIPA 技术避免了免疫方法采用单克隆抗体识别抗原的复杂操作，也克服了 DNA 杂交的长时间和假阳性及操作设备要求高等缺点，因此具有独特的优点。磁免疫技术目前尚处于研究阶段，在水产上应用不是很多。

4. 多重 PCR 技术

多重 PCR 又称多重引物 PCR 或复合 PCR，它是在同一 PCR 反应体系中加上 2 对以上引物，同时扩增出多个核酸片断的 PCR 反应。多重 PCR 的用途主要有两方面：①多种病原微生物的同时检测或鉴定；②病原微生物的变异及分型鉴定、检测。

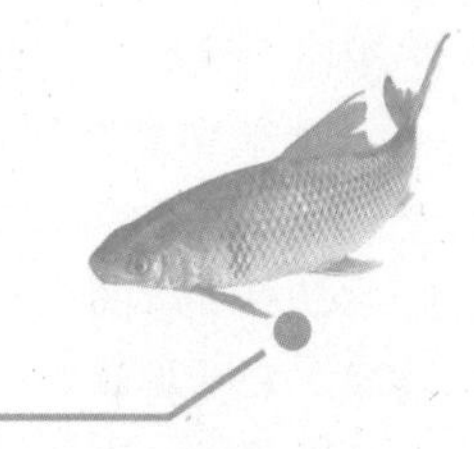

第二章 常用渔药

第一节 渔药的分类

渔药的分类依据和方法很多，目前大多以其使用目的进行分类，大体可分9大类。

（1）消毒剂 以杀灭水体中的微生物（包括原生动物）为目的所使用的药物，包括氯制剂、双链季铵盐、碘制剂等。

（2）环境改良剂 以改良养殖水域环境为目的所使用的药物，包括底质改良剂、水质改良剂和生态条件改良剂。常见药物有氧化钙、沸石粉等。

（3）抗微生物药 指通过内服、浸浴或注射而杀灭或抑制体内微生物繁殖、生长的药物，包括抗病毒药、抗细菌药、抗真菌药等。

（4）驱虫杀虫药 指通过药浴或内服来杀死或驱除体外或体内寄生虫的药物及杀灭水体中有害无脊椎动物的药物，包括抗原虫药、抗蠕虫药和抗甲壳动物药等。

（5）代谢改善和保健药 指以改善养殖对象机体代谢、增强机体体质、加快病后恢复、促进生长为目的而使用的药物，通常以饵料添加剂方式使用。

（6）生物制品 通过物理、化学手段或生物技术制成微生物及其相应产品的药剂，通常有特异性的作用，包括疫苗、免疫血清等。广义的生物制品还包括微生态制剂。

（7）微生态制剂 是一类活的微生物制剂，具有改善机体微生态平衡的作用。此类微生物主要是细菌或真菌，对动物有益，无致病性，可改善动物的代谢，但对致病微生物有一定程度的抑制作用，从而达到预防疾病的目的。微生态制剂除活的细菌等外，一般还包括促进这些微生物生长的物质，称为益生元，如寡糖；活的微生物制成的微生态制剂则

称为益生菌，如光合细菌、芽孢杆菌等。

（8）中草药　指以为防治水生动植物疾病或为养殖对象提供保健为目的而使用的药物植物，也包括少量动物及矿物质。

（9）其他药物　包括麻醉剂、防霉剂、增效剂等药物。

第二节　渔药的给药途径

如果渔药的给药方法不当，即使是特效药，也难以达到用药的预期目的，甚至还会对患病机体造成危害。因此，应根据发病对象的具体情况和药物本身的特性，选用适宜的给药方法。目前，水产生物疾病防治中常用的给药方法有以下几种。

一、口服法

口服法用药量少，操作方便，对不患病的养殖生物不会产生应激反应等。此法常用于增加营养、病后恢复及体内病原生物感染等，特别是细菌性肠炎病和寄生肠虫病。但其治疗效果受养殖生物病情和摄食能力的影响，对病重和失去摄食能力的个体无效，对滤食性和摄食活性生物饵料的种类也有一定的难度。

口服药量一般是根据每千克水产生物的体重来计算的，也有按每千克饲料的重量来计算的。口服药物使用1次，一般达不到理想的疗效，至少要投喂1个疗程（3～5天）。药饵的制作应根据水产生物的摄食习性和个体大小，用机械或手工的方法加工，主要有两种类型：浮性药饵和沉性药饵。①浮性药饵的制作：将药物与水产生物喜欢吃的商品饲料，如米糠、麦麸等均匀混合，加入面粉或薯粉作为黏合剂（1∶0.3）和适量水，经饵料机加工成颗粒状，直接投喂或晒干备用。或者先将水产生物喜欢吃的嫩草切成适口大小，再将药物和适量黏合剂均匀混合，加热水调成糊状，冷却后拌在嫩草上，晾干后直接投喂。②沉性药饵的制作：将药物与水产生物喜欢吃的商品饲料，如豆饼、花生饼等均匀混合，加入黏合剂（1∶0.2）和适量水，经饵料机加工成颗粒状，直接投喂或晒干备用。

投喂药饵时应注意：药饵要有一定的黏性，以免遇水后不久即散，而影响药效，但也不宜过黏；计算用药量时，不能单以生病的品种计算，应将所有能吃食的品种计算在内；投喂前应停食1～2天，保证水产生物在用药时前来摄食；投喂量要适中，避免剩余。

二、全池泼洒法

全池泼洒法即将药物充分溶解并稀释，再均匀泼洒全池，使池水达到一定的药物剂量，以杀灭水产生物体表及水中的病原体。此法杀灭病原体较彻底，但安全性差，用药量大，副作用也较大，对水体有一定的污染，使用不慎易发生事故。一般可用于预防和治疗。

全池泼洒药物时应注意：正确丈量水体；不易溶解的药物应充分溶解后再泼洒；勿使用金属容器盛放药物；泼洒药物和投饵不宜同时进行，应先喂食后泼药；泼药时间一般在晴天上午进行，对光敏感的药物宜在天亮前或傍晚进行，并注意是否缺氧。操作者应位于上风口处，从上风口处往下风口处泼；遇到雨天、低气压或“浮头”时不应泼药。

三、浸浴法

浸浴法即将水产生物置于较小的容器或水体中进行大剂量、短时间的药浴，以杀死其体外的病原体。此法用药量少，疗效好，不污染水体，但操作较复杂，易碰伤机体，且对养殖水体中的病原体无杀灭作用。一般只作为水产生物转池、运输时预防性消毒使用。

浸浴法必须先确定浸浴的对象，然后在准备好的容器内装上水，记下水的体积，按浸浴要求的药物剂量，计算和称取药物并放入非金属容器内，搅拌使其完全溶解，记下水温，最后把要浸浴的对象放入药液容器中，经过要求的浸浴时间后，将其直接放入池中或经清水洗过后再放入池中。

注意

浸浴的时间应根据水温、药物剂量、浸浴对象的忍耐度等灵活掌握；捕捞、搬运水产生物时应小心谨慎，防止机体受伤；浸浴程序不可颠倒，即应先配药液，后放浸浴对象。

四、注射法

鱼病防治及催产上常采用的注射法有两种，即肌内注射法和腹腔注射法。注射法用药量准确、吸收快、疗效高（药物注射），预防（疫苗、菌苗注射）效果好等，具有不可比拟的优越性，但操作麻烦，容易损伤鱼体。适合对象是那些数量少又珍贵的种类，或是用于繁殖后代的亲本。治疗细菌性疾病用抗生素类药物，预防病毒病或细菌感染用疫苗、菌苗等。

注射法用药应注意：先配制好注射药物和消毒剂；注射器和注射部位都应消毒；注射药物要准确、快速，勿使鱼体受伤。

五、挂袋（篓）法

挂袋（篓）法用于流行病季节来到之前的预防或病情轻的场合，具有用药量少、成本低、简便和毒副作用小等优点，但杀灭病原体不彻底，只有当鱼、虾游到挂袋食场吃食及活动时，才有可能起到一定作用。此法只适用于预防和疾病早期的治疗。目前常用的悬挂药物有含氯消毒剂、硫酸铜、敌百虫等。

挂袋（篓）法应先在养殖水体中选择适宜的位置，然后用竹竿、木棒等扎成三角形或方形框，并将药袋或药篓悬挂在各边框上，悬挂的高度根据水产生物的摄食习性而定。

采用挂袋（篓）法用药应注意：食场周围的药物剂量要适宜，过低水产生物虽来摄食，但杀不死病原体，达不到消毒的目的；过高水产生物不来摄食，也达不到用药目的。药物的剂量宜掌握在水产生物能来摄食的最大忍耐剂量及能杀灭病原体的最小剂量之间，且该剂量应保持不短于水产生物摄食的时间，一般须挂药3天。放药前宜停食1~2天，保证水产生物在用药时前来摄食。

六、涂抹法

涂抹法具有用药量少、安全、副作用小等优点，但适用范围小，主要用于少量鱼、蛙、鳖等养殖生物及因操作、长途运输后身体受损伤或亲鱼等体表病灶的处理，如皮肤溃疡病及其他局部感染或外伤。

上述几种给药方法，除了注射法和口服法属于体内用药外，其他给药方法均属体外用药。体外用药一般是发挥局部作用的给药方法，除部分口服驱虫药发挥局部作用外，大部分口服药发挥全身作用，对于大部分的鱼病来说，尽可能发挥药物的全身作用，才能达到对症治疗的目的。

注意

在一天内，晴天9：00~10：00（夏季为8：00~9：00）为最佳用药时间（指泼洒用药）。当然，并不是所有药物都在这段时间使用最好，如高锰酸钾、甲醛、二氧化氯等，这些药物则要求在阳光较弱的环境下使用较好，如傍晚前后或清晨，但应随时注意增氧和加换新水。

第三节 常用消毒剂和环境改良剂

一、漂白粉

【性状】 漂白粉为灰白色颗粒性粉末，有氯臭；空气中即吸收水分与二氧化碳而缓慢分解；水溶液遇石蕊试纸显碱性反应，随即将试纸漂白；在水或乙醇中部分溶解。

【作用与用途】 漂白粉是一种消毒剂、水质净化剂，对细菌、病毒、真菌均有不同程度的杀灭作用。由于其水溶液含大量氢氧化钙，因而可调节池水的 pH，定期适量遍洒，还可改良水质，主要用于水生生物细菌性疾病防治。

【用法与用量】

（1）清塘消毒 一般带水清塘，每立方米水体 20 克（遍洒后，若搅拌池水，经 2 ~ 3 天后排干池水，日晒 10 天左右，再注入新水，如此清池效果更好）。

（2）养殖水体消毒 全池泼洒，每立方米水体 1.0 ~ 1.5 克，也可与干黄土搅拌均匀全池泼洒。

（3）鱼体表消毒 浸浴，在鱼体放养前，为预防鱼虾等体表和鳃部的细菌与真菌等按每立方米水体一次量用 10 ~ 20 克，浸浴 10 ~ 20 分钟（具体用量根据当时的水体高低和鱼虾活动情况灵活掌握）。

【注意事项】

1）使用时应正确计算用量，并现配现用。本品施药时间宜在阴天或傍晚。

2）使用本品时要避免使用金属器具，并避免眼睛和皮肤接触本品。

3）本品含有效氯一般为 25%~32%。

提示

漂白粉及以下介绍的含氯制剂应使用干燥粉末状的，放置时间过长、已潮解和结块的有效成分已散失，不能使用。

二、漂白精

【性状】 漂白精为白色粉末，有氯臭，易溶于水，有少量沉渣；含杂质少，比较稳定，受潮不易分解；水溶液呈碱性。漂白精的有效成分与漂白粉相同，含有效氯达 60%~65%，是漂白粉的 2 倍多。

【作用与用途】　漂白精是广谱消毒剂，与漂白粉的用途相同。

【用法与用量】　漂白精的有效氯含量一般按65%计算，全池泼洒常用量为0.4~0.5克/米^3。在用于鱼种消毒和工具消毒时，可以参照漂白粉的用量按有效氯含量折算。如鱼种药浴使用漂白粉（含有效氯30%）的用量为10~20克/米^3，则使用漂白精（含有效氯65%）的用量为：

漂白粉用量×漂白粉有效氯含量÷漂白精有效氯含量=漂白精用量。即：

$$10\text{克/米}^3 \times 30\% \div 65\% = 4.61\text{克/米}^3$$
$$20\text{克/米}^3 \times 30\% \div 65\% = 9.23\text{克/米}^3$$

所以用于药浴时漂白精的用量为4.61~9.23克/米^3。

三、二氯异氰尿酸钠

【性状】　二氯异氰尿酸钠又名优氯净、鱼康等，为白色结晶性粉末，有氯臭；含有效氯60%~64%，化学性质稳定，室内放置半年后有效氯仅降低0.16%；易溶于水，水溶液呈弱酸性，但稳定性差；配制的水溶液不能久放，应现配现用。

【作用与用途】　二氯异氰尿酸钠为广谱杀菌消毒剂，杀菌力较强，对细菌繁殖体、芽孢、病毒、真菌孢子都有较强的杀灭作用，常用于清除水污染和防治水产生物的多种细菌性鱼病，如鱼类烂鳃、赤皮、腐皮、白头白嘴等细菌性病，也用于食场、工具消毒和清塘。

【用法与用量】

1）全池泼洒用量为0.3~0.4克/米^3，可防治赤皮病和烂鳃病。

2）食场消毒可定期在食场用二氯异氰尿酸钠泼洒，用量视食场大小、水深、水质及水温而定，一般使用100~120克，每10天1次。先泼药后喂鱼。

3）带水清塘每立方米水体用二氯异氰尿酸钠10~15克，10天后可放鱼。

4）口服每100千克体重鱼日用药量60克（或10千克饲料加二氯异氰尿酸钠0.1千克），每天喂1次，连喂3天。可用于防治细菌性肠炎。

【注意事项】

1）勿用金属器具。

2）缺氧、“浮头”前后严禁使用。

3）苗种池剂量减半；水质较瘦，透明度高于30厘米时，剂量酌减。

4）无鳞鱼的溃烂、腐皮病慎用。

四、二氯异氰尿酸及氯杀灵

【性状】 二氯异氰尿酸又名防消散，也为白色结晶性粉末，含有效氯60%~64%，微有氯臭，化学性质稳定；其性状、作用、用途、用法、用量与二氯异氰尿酸钠相近。氯杀灵是以二氯异氰尿酸为主药的复合制剂，其外观性状与二氯异氰尿酸相近，含有效氯60%左右。

【作用与用途】 二氯异氰尿酸和氯杀灵都是防治水产生物细菌性病的常用药物，多用于苗种消毒、工具消毒、清塘等。氯杀灵还兼有除臭和净化水质的作用。

【用法与用量】 二氯异氰尿酸和氯杀灵的用法与用量与二氯异氰尿酸钠相同。

注意

由于二氯异氰尿酸刺激性较大，所以不宜内服。

五、三氯异氰尿酸

【性状】 三氯异氰尿酸又名强氯精，为白色结晶性粉末，含有效氯80%~85%，具有氯臭味；化学性质稳定，微溶于水，水溶液呈酸性，遇酸或碱分解，是一种极强的氧化剂和氯化剂。水的碱度越大药效越低，所以施生石灰影响三氯异氰尿酸的药效；另外，该药也不能与含磷药物混合使用。

【作用】 三氯异氰尿酸是一种高效、广谱、低毒、安全的消毒剂，对细菌、病毒、真菌、芽孢有较强的杀灭作用，用量在0.07~0.10克/米^{3}时，能杀灭引起鱼病的黏细菌和气单胞菌属的细菌。

【用途】 常用于清塘和防治细菌性疾病，如烂鳃、肠炎、赤皮病等。

【用法与用量】

1）带水清塘消毒，用量为10~15克/米^3，1小时内可杀灭野杂鱼、虾、蚌、水生昆虫等；10天后可放鱼。

2）防治细菌性鱼病使用全池泼洒，可根据水温确定使用量，一般水温小于28℃时，用0.5克/米^3；水温在28~30℃之间时，用0.4克/米^3；水温大于30℃时，用0.3克/米^3。

【注意事项】

1）保存于干燥通风处，不能与酸碱类物质混存或合并使用，不与金属器皿接触。

2）药液现用现配，以晴天上午或傍晚施药为宜。

3）三氯异氰尿酸内服后的药理变化研究尚属空白，所以不应将其内服。如果用于治疗皮肤疾病，肠道没有病变，内服三氯异氰尿酸除能刺激食欲外，对治疗无益。

六、二氧化氯

【性状】　二氧化氯又称百毒净、三九鱼泰，化学性质极其稳定，既是一种氧化剂，又是一种含氯制剂，继第一代消毒剂漂白粉、第二代消毒剂优氯精、第三代强氯精后，被称之为第四代消毒剂，是世界卫生组织确认的A1级广谱、安全、高效消毒剂，广泛应用于水产养殖中的病害防治。二氧化氯含有效氯为226%，是漂白粉含氯量（25%~32%）的9.2倍，是二氯异氰尿酸含氯量（60%~64%）的4.2倍，易溶于水，消毒作用不受水质酸碱度的影响。

第二章

【作用与用途】　二氧化氯能有效地杀灭水中的细菌、病毒、真菌、细菌芽孢及噬菌体，可氧化分解水中的肉毒杆菌毒素。二氧化氯在pH为6~10范围内均能发挥良好的灭菌作效果，在pH为8.5的水中，灭菌速度比氯快20多倍。温室养鳖水体中经常含氨，使用二氧化氯可以降低水中氨的毒性。

二氧化氯的杀菌能力较氯强，杀菌作用较氯快，杀菌持效性是氯的10倍以上，且剩余剂量的药性持续时间也较长。实验表明，用2克/米^{3}二氧化氯作用30分钟时能杀死几乎100%的微生物，而剩余的二氧化氯尚有0.9克/米^3。在施用过程中，并不产生有机氯等有毒副作用的物质，因此对鱼虾无刺激作用，不影响鱼虾摄食和正常发育，不损害浮游生物，还能改善水质，除臭防腐，是真正的绿色消毒剂。

另外，0.3~3.0克/米^{3}的二氧化氯制剂可使养殖水体中细菌总数下降92%以上，并可增加养殖水体中的溶解氧，对无机氮盐的影响不明显；0.3克/米^{3}的二氧化氯制剂对浮游植物无明显影响；1.2克/米^{3}以下对水体中的水蚤等浮游动物的影响不明显；3克/米^{3}可抑制浮游植物的繁殖和生长；2.4克/米^{3}以上可影响水蚤等浮游动物的繁殖和生存。在对水质的影响方面，二氧化氯制剂也优于其他的含氯消毒剂，广泛用于水产养殖的水质处理、消毒和防治细菌性疾病。

【用法与用量】 使用稳定性二氧化氯前，必须经水化处理，一般用柠檬酸作为活化剂，二氧化氯与柠檬酸以 1∶1 分别溶解，然后混合活化 5～15 分钟后立即使用，如果是全池泼洒，可不断加水稀释，均匀泼洒。一般多用于全池泼洒，用量为 0.5～1 克/米^3。

【注意事项】 二氧化氯药液不能用金属容器配制或储存；切勿与酸类有机物、易燃物混放，以防自燃。

七、二溴海因

【性状】 二溴海因纯品为白色结晶，具有类似漂白粉的味道，工业品一般为黄色或浅黄色固体，微溶于水，在强酸或强碱中易分解，干燥时稳定；易吸湿，吸潮后部分溶解；水溶液呈弱酸性。

【作用与用途】 二溴海因属广谱、高效、低毒的消毒剂，具有稳定性好、含溴量高和使用方便的特点，在水产养殖中多用于池塘消毒、预防和治疗疾病等方面，且在使用中不受水质、盐度、pH、水温、有机质等的影响。

【用法与用量】

1）预防疾病时的用量为 0.15～0.20 克/米^3（即每亩水深 1 米用量为 100～150 克），每 15 天用药 1 次。

2）治疗时用药量为 0.30～0.35 克/米^3（即每亩水深 1 米用量为 200～250 克）。

3）清塘时的用量为 3～5 克/米^3，兑水后全池泼洒；病情严重时隔日重复 1 次。

八、溴氯海因粉

【性状】 溴氯海因粉为白色或类白色粉末，常用规格为每 200 克溴氯海因粉含溴氯海因 16 克（以有效溴氯计）。

【作用与用途】 用于养殖水体消毒，防治鱼、虾、蟹、鳖、贝、蛙等养殖生物由弧菌、嗜水气单胞菌、爱德华氏菌等细菌引起的出血、烂鳃、腐皮、肠炎等疾病。

【用法与用量】 以常见的 8% 的规格计，使用时用 1000 倍以上的水稀释后全池均匀泼洒。

1）预防：一次量每立方米水体 0.03～0.04 克（以溴氯海因计），即相当于每立方米水体用本品 0.375～0.500 克（每亩水深 1 米用本品

250～333克)，每15天1次。

2）治疗：一次量每立方米水体0.03～0.04克（以溴氯海因计），即相当于每立方米水体用本品0.375～0.500克（每亩水深1米用本品250～333克)，每天1次，病情严重时连用2天。

【注意事项】

1）勿用金属容器盛装。

2）缺氧水体禁用。

3）水质较清，透明度高于30厘米时，剂量酌减。

4）苗种剂量减半。

九、聚维酮碘

【性状】 聚维酮碘为黄棕色至红棕色无定形粉末，含有效碘应为9%～12%。在水或乙醇中溶解，溶液呈红棕色，酸性。与纯碘相比，其毒性小，溶解度高，稳定性较好。

【作用与用途】 聚维酮碘为广谱消毒剂，对大部分细菌、真菌和病毒等均有不同程度的杀灭作用，主要用于鱼卵、水生生物体表消毒。一般使用低剂量时，杀菌力反而强。

【用法与用量】 以10%的聚维酮碘溶液计。

(1) 浸浴 每立方米水体用60毫升，浸浴草鱼鱼种15～20分钟，可防治草鱼出血病；每升水体用60～100毫升，浸浴发眼卵15分钟，可防治鲑鳟鱼类的传染性造血器官坏死症和传染性胰脏坏死症；每立方米水体用0.8～1.5毫升，浸浴病鱼24小时，连用2次，可防治鳗鲡的烂鳃病。

(2) 全池泼洒 对虾的细菌性病和病毒性病，每立方米水体用0.1～0.3毫升，一次量。

(3) 拌饵投喂 某些水产生物细菌性病和病毒性病，每千克饲料10毫升。

(4) 涂抹 控制水霉病，涂抹患有水霉病的虹鳟病灶。

【注意事项】

1）本品药效会因有机物的存在而减弱，因此使用剂量要根据池水有机物的含量做出适当的增减。

2）不要与碱性和季铵盐类等药物同时使用。

十、苯扎溴铵溶液

苯扎溴铵溶液又名新洁尔灭。

【作用与用途】 苯扎溴铵用于养殖水体、养殖器具的消毒灭菌。可防治鱼、虾、蟹、鳖、蛙等水产生物由弧菌、嗜水气单胞菌等细菌引起的出血、烂鳃、腹水、肠炎、疥疮、腐皮等细菌性疾病。

【用法与用量】 常见用量有5%、10%、20%、45%，在此以5%的用量说明其用法。将本品用300～500倍水稀释后，全池均匀泼洒。

1）预防：一次量为每立方米水体用0.10～0.15克（以有效成分计），即相当于每立方米水体用本品2～3毫升（每亩水深1米用本品1334～2000毫升），每15天1次。

2）治疗：每隔2～3天用1次，连用2～3次（剂量同预防量）。

【注意事项】

1）勿用金属容器盛装。

2）禁与阴离子表面活性剂、碘化物和过氧化物等混用。

3）软体动物、鲑等冷水性鱼类慎用。

4）水质较清的养殖水体慎用。

5）使用后注意池塘增氧。

6）包装物使用后集中销毁。

十一、戊二醛

【性状】 戊二醛为无色油状液体，味苦，有微弱的甲醛臭；但是挥发性较低，可与水或醇进行任何比例的混溶；溶液呈弱酸性，pH高于9时，可迅速聚合。

【作用与用途】 戊二醛原为病理标本固定剂，近10多年来发现其碱性水溶液具有较好的杀菌作用。当pH为7.5～8.5时，作用最强，能杀灭细菌的繁殖和芽孢、真菌、病毒，其作用较甲醛强2～10倍，可用于养殖环境及养殖工具消毒。由于其价格比较高，目前多与苯扎溴铵混配后再消毒杀菌。

【用法与用量】 浸浴消毒。用2%的碱性溶液，浸浴鱼体15～20分钟。

【注意事项】

1）避免与皮肤、黏膜接触，如接触后应及时用水冲洗干净。

2）使用过程中，不应接触金属器具。

3）仅用于观赏鱼类的疾病防治。

十二、高锰酸钾

【性状】 高锰酸钾为黑紫色、细长的结晶或颗粒，带有蓝色的金属光泽，无臭；与某些有机物或易氧化物接触，易发生爆炸；在沸水中易溶，在水中溶解。

【作用与用途】 高锰酸钾为强氧化剂，具有解毒、除臭作用。本品与蛋白质结合形成复合物对伤口有收敛作用；可用作消毒、防腐，防治细菌性疾病。此外还可杀灭原虫类、单殖吸虫类和锚头鳋等寄生虫。

【用法与用量】

（1）池塘消毒 遍洒，每立方米水体一次量用8～10克预防鳗鲡池弧菌病；用100～200克进行对虾的虾苗池或亲虾越冬和育苗设施消毒。

（2）鱼体消毒 遍洒，每立方米水体一次量用2～3克；而缓解鱼藤精毒性时，每立方米水体一次量用1～2克。

（3）浸浴 在鲑鳟鱼类的苗种运输、防治鲑鳟鱼类细菌病中每立方米水体一次量用20～50克，浸浴10～15分钟；防治大马哈鱼卵软化症（宜在检卵后进行）、抑制水霉生长繁殖时，每立方米水体100克，浸浴30分钟，每隔1～2天再浸浴1～2次；防治鳗鲡烂鳃、烂尾、赤鳍病等（海水），每立方米水体，鳗苗1克、成鳗3克，浸浴5小时或用0.5～1.0克全池泼洒进行预防。

【注意事项】

1）本品及其溶液与有机物或易氧化物接触，均易发生爆炸。禁止与甘油、碘和活性炭等研和。

2）溶液宜新鲜配制，久放则逐渐还原至棕色而失效。

3）本品不宜在强光下使用，因阳光易使本品氧化而失效。

4）本品的药效与水中有机物含量及水温有关，在有机物含量高时，本品易分解失效。

5）本品对鱼等水产生物药浴的致死剂量依鱼的种类不同而有变化，使用范围为20～62克/米^{3}水体。使用剂量过大会大量杀死水中各种生物，其尸解耗氧，此时应采取增氧措施。

十三、氯化钠

【性状】 氯化钠即食盐，为无色、透明的立方体结晶或白色结晶状粉末，无臭，味咸；在水中易溶，水溶液呈中性，有杂质时易潮解。

【作用与用途】 作为消毒剂和杀菌剂、杀虫剂，主要用于防治细菌、真菌或寄生虫等疾病。还可防治亚硝酸盐中毒引起的褐血症。

【用法与用量】 用1%～3%浸浴淡水鱼5～20分钟，可防治烂鳃病、白头白嘴病、赤皮病、竖鳞病、真菌病等。其浸浴时间长短主要随水温高低而定。鳗鲡苗种入池前用0.8%～1.0%浸浴2小时有防病作用；用0.5%～0.7%全池遍洒可防治鳗鲡烂鳃病、烂尾病、体表溃疡病、水霉病和鳃肾炎等；在虹鳟水霉病防治时，幼鱼用1%浸浴20分钟，成鱼用2.5%浸浴10分钟；由亚硝酸盐中毒引起的鲫、鮰、罗非鱼等褐血症一般可用25～50克/米^{3}水体的氯化钠进行防治。

【注意事项】 密闭保存，防潮；用本品浸浴时，不宜在镀锌容器中进行，以免中毒；不同养殖鱼类的鱼苗对盐度的耐受力不同；对淡水鱼类要严格控制其用量和浸浴时间。

十四、亚甲蓝

【性状】 亚甲蓝为噻嗪类染料，深绿色、有铜光的柱状结晶或结晶性粉末，无臭；在水中易溶，在空气中稳定，水溶液呈蓝色、碱性；药性较温和，对鱼毒性较低。

【作用与用途】 亚甲蓝可防治水霉病、红嘴病，用于亚硝酸盐或氰化物中毒的解毒；此外还可杀灭小瓜虫和三代虫等。

【用法与用量】 用0.5～1.0克/米^{3}水体全池遍洒或10克/米^{3}水体浸浴10～20分钟，防治海、淡水鱼的水霉病；将1克/米^{3}水体的亚甲蓝与5克/米^{3}水体的呋喃哒嗪混合，在傍晚全池遍洒，并保持静水状态至第二天早晨，隔2～3天后重复用药1次，对防治鲤水霉病有较好的效果；防治鳗水霉病、烂尾病和鲑鳟肠型红嘴病时用1～3克/米^{3}水体全池遍洒，隔3～5天用1次，重复3～4次；用50克/米^{3}水体全池遍洒对鳗亚硝酸盐中毒有解除作用。

【注意事项】

1）密闭遮光保存。

2）治疗时对药品纯度要求很高，需为药用级亚甲蓝。

3）低水温使用效果较差；在有机物含量高的水中，药效衰减快。

4）治疗结束后，应立即换水或用活性炭滤除，以消除其残留。

5）当水体含量达10克/米^{3}时对水生植物有不良影响。一般对鱼的48小时的LD_{50}（半数致死量）为20克/米^{3}水体，安全用量为10克/米^{3}水体。

6）本品有助于增加鱼类的呼吸机能，使用本品时，无须增氧。

7）本品仅限于用作观赏鱼类疾病的防治。

十五、氧化钙

氧化钙又名生石灰。

【性状】 氧化钙为白色或灰白色的硬块，无臭；易吸收水分，水溶液呈强碱性；在空气中能吸收二氧化碳，渐渐变成碳酸钙而失效。

【作用与用途】 氧化钙为良好的消毒剂和环境改良剂，可清除敌害生物，对大多数病原菌有较强的消毒作用，但对炭疽芽孢无效；它能使水中悬浮的胶体颗粒沉淀，透明度增加，水质变肥，有利于浮游生物繁殖，保持水体有良好的生态环境；可改良底质，增强池底的通透性，增加钙肥，为动植物提供需要的营养物质。

【用法与用量】

（1）清塘消毒

1）干法：在修整鱼池后，留池水深6～10厘米，在池底的各处掘几个小潭，将本品放入，用水溶化后随即全池遍洒，一般为75.0～112.5克/米^2，可迅速清除野杂鱼、大型水生生物、细菌，尤其是致病菌，对虾池底泥中的弧菌杀灭率可达80.0%～99.8%，24小时内pH达11左右，4天后浮游生物大量繁殖，第八天达到最高峰。

2）带水法：一般水深1米用量75～400克/米^2，具体视淤泥多少、土质酸碱度等而定。

（2）疾病防治 在疾病流行季节，每月全池遍洒1～2次，可防治鱼、虾、蟹等体表由细菌、真菌和藻类等致病生物引起的各种疾病。在细菌性烂鳃病、细菌性败血症或嗜酸性卵甲藻病流行季节，每月用20～30克/米^{3}水体全池遍洒1～4次，有防治作用，并可提高滤食性鱼类产量；在池塘循环水养鱼中，每隔10～15天交替使用上述剂量的氧化钙和1克/米^{3}水体的漂白粉，有防病作用；用15～30克/米^{3}水体遍洒，有利于虹鳟肝脂肪变性病的好转；每隔3～7天用50～80克/米^{3}水体遍洒1次可防止养殖池的水质恶化；用7～9克/米^{3}水体可改善养鳗池的水质；用10克/米^{3}水体遍洒可除去水中铁离子和其他胶态物质；在微囊藻大量繁殖的水体，于清晨在藻体浮集处撒氧化钙粉2～3次，可基本杀死微囊藻；水中蓝绿藻过多时，可用37.5克/米^{3}水体；将氧化钙磨成粉均匀撒于青苔上（最高不超过30克/米^{3}水体），可使青苔连根烂掉。

【注意事项】 氧化钙的安全用量：淡水白鲳夏花在水温20～25℃时为19.5克/米^{3}水体；加州鲈鱼苗为37.18克/米^{3}水体；中华鳖稚鳖为239克/米^{3}水体。

提示

氧化钙易熟化，熟化后效果减低，不宜久储，应注意防潮，宜晴天用药。应使用新鲜、块状的，放置时间过长、潮解、粉末状的已失效，不能使用。

十六、沸石

【性状】 沸石为多孔隙颗粒。多为白色、粉红色，也有红色或棕色；软质，有玻璃或丝绢光泽（以钠沸石、钙沸石为代表），偶尔也有呈珍珠光泽的（包括钠沸石、钙沸石等30多种）。

【作用与用途】 由于沸石有许多分子孔隙，故其具有良好的吸附性、吸水性、可溶性、离子交换性和催化性等优良性状，可用作水产养殖中的水质、池塘底质净化改良和环境保护剂。其主要作用如下。

1）对氨氮、有机物质和重金属离子等有害物质有明显的吸附和选择性离子交换能力。

2）能有效地降低池底硫化氢毒性的影响。

3）调节水体pH。

4）增加水中溶氧量。

5）为浮游植物生长繁殖提供充足的碳素，为多种动植物提供生长所必需的具有生物活性的元素，又能消除多种元素间的颉颃作用，提高水体光合作用强度，也是池塘良好的微肥。

【用法与用量】 在养殖中作为水环境保护剂时，常用100～150目的沸石30～50克/米^2；严重污染的池底用量为75～750克/米^2。上述剂量可以连续多次使用，撒布区以池底黑化较重或鱼群集中处为主。

【注意事项】 储存于干燥处。沸石槽应避免阳光直射，并应每月洗涤1～2次（再生利用），否则易失效。

提示

不要与化肥或其他药物一起存放或混用。

第四节　常用抗细菌药

一、青霉素

青霉素又名盘尼西林、青霉素 G。

【性状】　青霉素为白色结晶或结晶性粉末，有吸湿性，无臭或微有特异性臭；溶于水、生理盐水及葡萄糖溶液，遇酸、碱、重金属、氧化剂、甘油很快失效；干燥结晶稳定，其水溶液极不稳定，室温中效价很快降低。

【作用与用途】　青霉素对革兰氏阳性菌及某些革兰氏阴性菌有效，常用于产后亲鱼预防继发感染及鲤鱼、草鱼、鲢鱼、鳙鱼、中华鳖等的细菌性败血病、疖疮和皮肤创伤等感染；也可用于防止鱼类长途运输时水质的恶化。

1）注射。用于防治产后亲鱼感染，每次 5 万～20 万国际单位/千克体重，中华鳖细菌性疾病可用 4 万～8 万国际单位/千克体重，每天 1 次，连用 2～3 次。

2）常与链霉素合用。防止鱼类长途运输时水质恶化时的使用剂量为 5 万～10 万国际单位/升。

【注意事项】　注射溶液应新鲜配制，储存于冷处，当日用完。忌与四环素、磺胺类药物合用。

二、链霉素

【性状】　链霉素为白色至微黄色粉末或颗粒，无臭，味苦，有吸湿性，在空气中易潮解；易溶于水，干燥状态可保持一年的稳定性；遇强酸、强碱、脲或其他羰基化合物、半胱氨酸或其他巯基化合物易被灭活，常用硫酸盐链霉素。

【作用与用途】　链霉素可用于治疗鱼类疖疮病、打印病、竖鳞病、弧菌病、产后感染；海水鱼类的类结节症；鳖的赤斑病、红脖子病和疖疮病；罗非鱼的运动性气单胞菌病；牛蛙细菌性疾病；对虾丝状细菌病和肠道细菌病等。可与青霉素合用，防止鱼类长途运输时水质恶化。

【用法与用量】

1）浸浴。防治鳖腐皮病，使水体中链霉素达 10～30 克/米^3，对虾为 4 克/米^3，浸浴 48 小时。

2）肌内注射。预防亲鱼产后继发感染每次为 5～20 毫克/千克体重，每天 1 次，连用 2～3 次。

3）常与青霉素合用。防止鱼类长途运输时水质恶化的使用剂量为 5～

20 克/米^3 水体。

三、庆大霉素

【性状】 庆大霉素为白色或类白色粉末，无臭，有吸湿性；在水中易溶，对光、热、空气及广泛的 pH 溶液均稳定，其稳定性与灭菌的温度、时间、溶液的 pH、氧气等有关。

【作用与用途】 可用于治疗水产生物的各种细菌性疾病等。

【用法与用量】

（1）口服 鱼类每天为 50～70 毫克/千克体重，分 2 次投喂，连用 3～5 天。

（2）浸浴 用于治疗牛蛙细菌性疾病，使水体中庆大霉素达 30～60 克/米^3，每次 3～6 小时，每天 1 次，连用 2～3 次。

（3）腹腔注射 鳖每次为 10～20 毫克/千克体重，每天 1 次，连用 2～3 次。

【注意事项】

1）庆大霉素的抗菌作用受 pH 的影响较大，在碱性环境中抗菌作用增强。庆大霉素在 pH 为 8.5 时的抗菌效力比 pH 为 5.0 时约强 100 倍。

2）庆大霉素不可与两性霉素 B、肝素钠、氯唑西林等配伍合用，因均可引起本品溶液沉淀。

四、四环素

【性状】 四环素为黄色结晶性粉末，无臭；在空气中较稳定，暴露在阳光下颜色变深，微溶于水。

【作用与用途】 四环素对革兰氏阳性菌的作用强，和青霉素类接近，对革兰氏阴性菌的作用和氯霉素相似。主要用于防治海、淡水鱼类细菌性疾病。

【用法与用量】

（1）口服 鱼类每天用 50～100 毫克/千克体重，虾、蟹、鳖等每天用 120～150 毫克/千克体重，分 2 次投喂，连用 5～10 天。

（2）浸浴 使水体中四环素达 50～100 克/米^3，每次 1～2 小时，每天 1 次，连用 2～3 次。

（3）肌内注射 每次 30～50 毫克/千克体重，每天 1 次，连用 2～3 次。

【注意事项】

1）Al^{3+}、Mg^{2+} 离子可与四环素形成螯合物而影响吸收。

2）卤素类、碳酸氢钠、凝胶可影响本品吸收。

3）对肝脏有毒性的药物尽量不与本品合用。

4）和青霉素一起应用，可抑制青霉素的杀菌作用。

5）本品需避光保存。

五、氟苯尼考

氟苯尼考又名氟甲砜霉素。

【性状】 氟苯尼考为白色或类白色结晶性粉末，无臭，微溶于水。

【作用与用途】 氟苯尼考为动物专用的广谱抗生素，内服吸收迅速，分布广泛，首先在水产业中使用。主要用于防治鱼类由气单胞菌、假单胞菌、弧菌、屈挠杆菌、链球菌、巴斯德氏菌、诺卡氏菌、爱德华菌、分枝杆菌等细菌引起的疾病。

【用法与用量】

（1）混饲 鱼每千克体重拌饵投喂 10～15 毫克（以氟苯尼考计），即相当于每千克鱼体重用本品 0.10～0.15 克（按5%的投饵量计，每千克饲料用本品 2～3 克），每天 1 次，连用 3～5 天。

（2）肌内注射 每次5～10 毫克/千克体重，每天1 次，连用2～3 次。

【注意事项】

1）混拌后的药饵不宜久置。

2）本品应妥善存放，以免造成人、畜误服。

3）使用后的废弃包装物要妥善处理。

六、磺胺嘧啶

【性状】 磺胺嘧啶为白色结晶性粉末，见光颜色逐渐变深，在水中几乎不溶。

【作用与用途】 磺胺嘧啶为治疗全身感染的中效磺胺，属广谱抑菌剂，对大多数革兰氏阳性菌和阴性菌均有抑制作用，常用于防治水产养殖生物细菌性、全身性的感染性疾病。

【用法与用量】 口服，鱼类一般用量为每天 50～100 毫克/千克体重，分 2 次投喂，连用 6 天。生产上常在第一天用 100 毫克/千克体重，第二至六天用 50 毫克/千克体重。

【注意事项】

1）本品与碳酸氢钠并用可增加其排泄、吸收，降低对肾脏的不良反应，减少结晶析出及减少对胃肠道的刺激。

2）与甲氧苄氨嘧啶合用，可产生协同作用。

3）第一天用药量加倍。

七、磺胺甲噁唑

磺胺甲噁唑又名新诺明、新明磺。

【性状】 磺胺甲噁唑为白色结晶性粉末，无臭，味微苦，在水中几乎不溶。

【作用与用途】 与磺胺嘧啶性质相似，但抗菌作用较磺胺嘧啶强，如与抗菌增效剂甲氧苄氨嘧啶合用（3∶1～5∶1），抗菌作用可增强数倍至数十倍，用于防治水生生物的细菌性疾病。

【用法与用量】 口服，鱼类每天用150～200毫克/千克体重，分2次投喂，连用5～7天。

【注意事项】

1）第一天用药量加倍。

2）本品不能与酸性药物同服，如维生素C等。

3）大剂量应用时应该与碳酸氢钠同服。

八、磺胺间甲氧嘧啶

磺胺间甲氧嘧啶又名制菌磺、磺胺-6-甲氧嘧啶。

【性状】 磺胺间甲氧嘧啶为白色或类白色的结晶性粉末，无臭，几乎无味，遇光颜色逐渐变暗，在水中不溶。

【作用与用途】 与磺胺嘧啶性质相同。本品为一种较新的磺胺药，抗菌作用强，用于防治细菌性鱼病。

【用法与用量】 口服，鱼类每天用100～150毫克/千克体重，分2次投喂，连用4～6天。

【注意事项】

1）本品应遮光、密封保存。

2）首次用药剂量加倍。

提示

使用磺胺类药物时，一般首次剂量加倍，以后保持一定的维持量；与磺胺增效剂（甲氧苄氨嘧啶）合用，可增强抗菌能力。

九、恩诺沙星

【性状】 恩诺沙星为微黄色或类白色结晶性粉末，无臭，味微苦；

易溶于碱性溶液中，在水、甲醇中微溶，在乙醇中不溶；遇光颜色渐变为橙红色。

【作用与用途】 恩诺沙星为畜禽和水产专用的第三代喹诺酮类抗菌药物，用于防治各种水产生物细菌性疾病，如暴发性细菌性败血症黄鳝出血病、鲟鱼肠炎病、鳗赤鳍病等。

【用法与用量】 口服用药为10～50毫克/千克鱼体重或每千克饲料加0.5～1.0克，拌饵投喂，连续投喂3～5天。浸浴剂量为4克/米^3，浸浴0.5～1.0小时。

【注意事项】 不可与利福平合用。与制酸药如氢氧化铝、三硅酸镁等同时服用会影响吸收，应避免同时服用。

十、抗细菌药使用注意事项

（1）合理选择药物，确保药物的最佳疗效 针对一种病原体选择药物时，有条件者应先做药物敏感性试验，以筛选出最有效的药物进行治疗；没有条件者，应根据生产实际中使用药物的经验，尽量选用疗效高、抗药性小的药物进行治疗，以确保用药的准确性和最佳疗效。

（2）确保内服药物的有效剂量 内服药物的剂量应根据鱼体的体重来加以计算，大多数抗生素类药物只有抑菌作用，而不具有杀菌作用，无论是治疗或是预防疾病，其用量都必须达到最小抑菌剂量。用磺胺类药物治疗鱼病时，首次用药量或是第一天的用药量需加倍，以后每天给以维持量。投喂药饵时，应注意药物混合的均匀程度及鱼类摄食的均匀度。

（3）交替用药 防治鱼病时，当一种药物使用一段时间后，要注意更换新的药物品种，选择结构或作用机理完全不同的药物交叉使用，避免长期使用同一种或一类药物。

（4）联合用药 联合用药要注意药物的配伍禁忌。联合用药的药物品种不宜过多，否则药物之间的作用过于复杂，难以掌握作用结果，甚至会引起药害。

（5）用药疗程 一般以5～7天为宜。生产上，当病情消除后，还应再继续用药2～3天，以巩固疗效。

第五节　常用抗病毒药

一、吗啉胍

【性状】 吗啉胍为白色结晶粉末，无臭，味微苦，易溶于水。

【作用与用途】 本品对多种 RNA 病毒和 DNA 病毒都有抑制作用。在水产生物的病害防治中可用于防治草鱼出血病、鲤春病毒病、斑点叉尾鮰病毒病、真鲷虹彩病毒病等。

【用法与用量】 每千克水产生物每天使用本品 10～30 毫克，拌入饲料投喂。

【注意事项】 采用本品防治水生生物的疾病时，可以同时采用抗生素防治病原菌的继发性感染。

二、利巴韦林

利巴韦林又名病毒唑。

【性状】 利巴韦林为白色结晶性粉末，无臭，无味，溶于水，微溶于乙醇、氯仿和乙醚等。

【作用与用途】 利巴韦林为一种新型广谱抗病毒药，对疱疹病毒、腺病毒、肠病毒等都有抑制作用。水产养殖中可用于防治草鱼出血病、鲤痘疮病、鲤春病毒病、鲤鳔炎症、斑点叉尾鮰病毒病等病毒病。

【用法与用量】 口服，养殖生物每天用 10～20 毫克/千克体重，分 2 次投喂，连用 5～7 天。

【注意事项】 本品有致癌与致突变的作用，怀卵亲鱼禁用。

第六节 常用抗真菌药

一、制霉菌素

【性状】 制霉菌素为黄色或浅棕色结晶性粉末，有吸湿性，微溶于水，水溶液呈中性；长期暴露于阳光、热及空气中，则影响其活性，在干燥状态下稳定。

【作用与用途】 制霉菌素具广谱抗真菌作用，口服后不易吸收，且血药浓度极低，几乎全部药物从粪便排出，对全身真菌感染无治疗作用。主要用于治疗消化道、口腔及皮肤黏膜的真菌性感染。

【用法与用量】 用 0.5～1.0 克/米^3 浸浴治疗水霉病。

【注意事项】 由于溶解度低和胃肠吸收不良，不用于治疗全身性真菌感染。

二、灰黄霉素

【性状】 灰黄霉素为白色或类白色的微细粉末，无臭，味微苦；在二甲替甲酰胺中易溶，在无水乙醇中微溶，在水中极微溶解。

【作用与用途】 本品为抗浅表真菌药，对各种皮肤癣菌、水霉、鳃霉都有治疗作用，水产养殖中主要用于防治水霉病和鳃霉病。

【用法与用量】

(1) 口服 鱼类每天用15~30毫克/千克体重，分2次投喂，连用3~6天。

(2) 浸浴 用灰黄霉素与1%的食盐和碳酸氢钠（小苏打）合剂(1:1)配成8克/米^{3}的溶液浸浴鱼和鱼卵1分钟左右。

【注意事项】 本品90%以上在肝脏内被灭活，可导致肝功能异常、转氨酶升高等；少数可引起白细胞减少；肝病、白细胞正常值低时慎用口服。

三、克霉唑

【性状】 克霉唑为白色或微黄色的结晶性粉末，无臭，无味；本品在甲醇或氯仿中易溶，在水中几乎不溶。

【作用与用途】 本品低剂量有抑菌作用，高剂量有杀菌作用。用于治疗敏感真菌所致的深部和浅部真菌病，如肤霉病、鳃霉病等。

【用法与用量】

(1) 内服 在100千克饲料中加入克霉唑50克制成药饵，连喂4~7天。

(2) 浸浴 用0.5~1.0克/米^{3}浸浴1~2小时。

【注意事项】 遮光，在阴凉处保存。

第七节 常用杀虫驱虫药

一、硫酸铜

【性状】 硫酸铜为深蓝色的三斜系结晶或蓝色透明结晶性颗粒，或结晶性粉末，无臭，具金属味，在空气中易风化，可溶于水。

【作用与用途】 对寄生于鱼体上的鞭毛虫、纤毛虫、斜管虫、指环虫及三代虫等均有杀灭作用，此外还可抑制池塘中繁殖过多的蓝藻及丝状绿藻，杀灭真菌和某些细菌及作为微量元素在饲料中添加。

【用法与用量】

(1) 浸浴 对于鱼等水生生物，温度为15℃时，使水体中硫酸铜达8克/米^3，浸浴20~30分钟，可防止鱼种口丝虫病、车轮虫病等。

(2) 全池泼洒 防治鱼类的原虫病，常用硫酸铜和硫酸亚铁合剂，使水体中的含量分别达0.5克/米^{3}与0.2克/米^3，或仅用硫酸铜，使水体中的含量达0.7克/米^3。

【注意事项】

1）其毒性与水温呈正比，因此应在天气晴好的清晨，且鱼未出现“浮头”时使用。

2）无鳞鱼对其敏感，应控制在0.4克/米^{3}以下。

3）治疗小瓜虫不选用该药。

提示

施用硫酸铜后要注意增氧；与氨、碱性溶液会生成沉淀。

二、敌百虫

【性状】 敌百虫为白色结晶，有芳香味，易溶于水及有机溶剂，难溶于乙醚、乙烷等；在中性或碱性溶液中发生水解，生成敌敌畏有剧毒，慎用；水解进一步继续，最终分解成无杀虫活性的物质。

【作用与用途】 是一种低毒、残留时间较短的杀虫药，不仅对消化道寄生虫有效，还可用于防治体外寄生虫。广泛用于防治鱼体外寄生的吸虫（如鱼体表及鳃上的指环虫、三代虫）、肠内寄生的蠕虫（如绦虫、棘头虫）和甲壳动物（如锚头鳋、中华鳋、鱼鲺）引起的鱼病，此外尚可杀死对鱼苗、鱼卵有害的剑水蚤及水蜈蚣等。

【用法与用量】

（1）杀灭三代虫、指环虫 用本品全池泼洒，2.5%的粉剂使用量为1~4克/米^{3}或90%的晶体用量为0.2~0.5克/米^3，90%的晶体和面碱合剂（1∶0.6）使用量为0.1~0.2克/米^3。

（2）驱除肠内寄生的绦虫 将本品40克与100克面粉混合做成药面，按鱼定量投喂3天，可驱除九江头槽绦虫。

（3）治疗沙市棘头虫 可用本品晶体100克拌入30千克麸皮中，按鱼定量投喂4天；再用90%的晶体全池泼洒，使水体含量达0.7克/米^3。

（4）驱杀毛细线虫 可投喂晶体敌百虫0.2~0.5克/千克体重，每天1次，连用3天。

（5）驱杀似棘头吻虫 投喂晶体敌百虫0.3~1.0克/千克体重，每天1次，连用4~6天。

【注意事项】

1）敌百虫的毒性依鱼类品种不同而有差异，鲤、白鲫的安全范围是1.8~5.7克/米^3，虹鳟为0.18~0.54克/米^3，鳜、加州鲈鱼、淡水白

鲳对它极度敏感，使用时应予注意。

2）因本品带酸性，对金属有腐蚀作用，故配制与泼洒本品时不要用金属容器。

3）本品除与面碱合用外，不得与其他碱性药物合用。

4）本品应在密封、避光、干燥处保存。

提示

敌百虫会使鱼类对投饵反应减弱，使鱼类出现厌食，不宜长期使用。中毒时需用阿托品、碘解磷定等解毒。

三、盐酸氯苯胍

【性状】 盐酸氯苯胍为白色或黄色结晶粉末，有不愉快的特殊异味，遇光后颜色变深；微溶于乙醇，不溶于水和乙醚。

【作用与用途】 在水产养殖上主要用于防治孢子虫病。

【用法与用量】 拌饵投喂，鱼每千克体重用本品 40 毫克（按 5% 的投饵量计，每千克饲料用本品 0.8 克），连用 3～5 天，苗种剂量减半。

【注意事项】

1）搅拌均匀，严格按照推荐剂量使用。

2）斑点叉尾鮰慎用。

四、左旋咪唑

【性状】 左旋咪唑为白色、类白色或微黄色针状结晶或结晶性粉末，无臭、味苦；溶解度在水中为 1∶2，甲醇中 1∶5，不溶于乙醚；在碱性溶液中易分解变质。

【作用与用途】 本品为广谱驱虫药，是盐酸四咪唑的左旋体。可用于指环虫病、车轮虫病、三代虫病等体外寄生虫疾病的治疗，也可用于驱除寄生于水生生物肠道内的黏孢子虫（如饼形碘泡虫、吉陶单极虫等）。

【用法与用量】 全池泼洒，使水体中含量达 1～2 克/米^3，24 小时换水 1 次。口服，每次 4～8 毫克/千克体重，拌饵投喂，每天 1～2 次，连用 3 天。

【注意事项】

1）本品不宜与碱性药物配伍使用。

2）本品应密闭保存。

五、甲苯达唑

【性状】 甲苯达唑为白色、类白色或微黄色粉末，无臭，难溶于水和多数有机溶剂（如丙酮，氯仿等），在冰醋酸中略溶，易溶于甲酸、乙酸；应避光密封保存。

【作用与用途】 本品是高效、广谱、低毒的驱虫药物，常用来驱杀寄生于欧洲鳗鲡体内外的鳗丝吸虫，拟指环虫、三代虫及鱼鲺等。

【用法与用量】

1）口服，每次用50毫克/千克体重或用含量为125克/米^{3}的药液混饲，每天1次，连用2天，可治疗鳗丝吸虫病。

2）使用本品含量为2克/米^{3}的药液长期浸浴，可治疗欧洲鳗鲡的拟指环虫病、三代虫病及鱼鲺病。

提示

高温时，为防止中毒不可高剂量使用。

六、阿苯达唑

【性状】 阿苯达唑为白色或黄色粉末，无臭，味涩，不溶于水和乙醇，微溶于丙酮和氯仿，在冰醋酸中易溶解；熔点为206～212℃，熔融时同时分解；应避光密封保存。

【作用与用途】 可驱杀寄生在鱼类肠道中的绦虫，不仅驱虫效果好（驱虫率可达95.5%以上），而且安全可靠。

【用法与用量】 口服，每次用40毫克/千克体重，每天2次，连用3天，可驱杀寄生在建鲤体内的九江头槽绦虫及黄鳝体内的毛细线虫、棘头虫等。

七、阿维菌素

【性状】 阿维菌素为白色或微黄结晶粉末，无味；易溶于乙酸乙酯、丙酮、三氯甲烷，略溶于甲醇、乙醇，在水中几乎不溶。

【作用与用途】 可用于鱼、虾、蟹混养塘的杀虫，能驱杀鱼类棘头虫、指环虫、三代虫等蠕虫。

【用法与用量】 全池泼洒，用1.8%的阿维菌素溶液，在淡水鱼养殖池塘，使水体中含量达0.08毫升/米^3，在养虾塘，使水体中含量达0.04毫升/米^3。

【注意事项】

1）本品对线虫，尤其是节肢动物产生的驱除作用缓慢，有些虫种，要数日甚至数周才能出现明显药效。

2）本品性质不太稳定，特别对光线敏感，易被迅速氧化灭活，其各种剂型，应注意储存使用条件。

八、伊维菌素

【性状】 伊维菌素为白色结晶性粉末，无味；在甲醇、乙醇、丙酮、醋酸乙酯中易溶，在水中几乎不溶。

【作用与用途】 本品为阿维菌素的衍生物，属口服半合成的广谱抗寄生虫药。对各生活史阶段的大部分线虫（但非所有线虫）均有作用；可用于鱼、虾、蟹混养塘杀虫，能驱杀鱼类棘头虫、线虫、指环虫、三代虫等寄生虫。

【用法与用量】 全池泼洒，用0.2%的伊维菌素溶液，在淡水鱼养殖池塘，使水体中含量达0.08毫升/米^3，在养虾塘，使水体中含量达0.04毫升/米^3。口服，0.3毫克/千克体重，每天1次，连用3天。

【注意事项】 本品不得用于注射，用完的药瓶和残留药液须安全处理，注意密封避光保存。龟对其敏感，不宜使用。

九、溴氰菊酯

【性状】 溴氰菊酯为白色结晶粉末，难溶于水，易溶于丙酮、苯、二甲苯等有机溶剂，在阳光、酸、中性溶液中稳定，遇碱迅速分解。

【作用与用途】 溴氰菊酯为拟除虫菊酯类杀虫剂，主要用于预防和治疗鱼类的中华鳋、锚头鳋、鱼鲺等寄生虫疾病。

【用法与用量】 将本品充分稀释后，全池均匀泼洒。用2.5%的溴氰菊酯乳油，使水体中含量达0.010~0.015毫升/米^3。

【注意事项】

1）本品对人体皮肤、黏膜、眼睛、呼吸道有较强的刺激性，特别对大面积皮肤病或有组织损伤者，影响更为严重，用时注意防护。

2）本品急性中毒时无特殊解毒药。

3）本品不可与碱性物质混用，以免分解失效；但为了提高疗效、减少用量，延缓抗性的产生，可以与马拉硫磷、乐果等非碱性物质混用，随混随用。

4）本品对鱼体刺激较大，使用时若略超量，鱼有跳跃现象。虾、

第二章

蟹对本品极敏感，在单养或混养虾蟹的水体禁用本品。

十、辛硫磷

【性状】 辛硫磷为浅黄色油状液体，室温下其工业品为浅红色油状物，在中性及酸性介质中稳定，在碱性介质中易分解；高温下易分解，光解速度快。

【作用与用途】 可用于防治鱼类锚头鳋、中华鳋、鱼鲺、指环虫等寄生虫病。

【用法与用量】 充分稀释后，全池均匀泼洒。用50%的辛硫磷乳油，使水体中含量达0.033～0.040毫升/米^3。

【注意事项】 本品在光照下易分解，应在阴凉避光处储存；在池中泼洒时，配好的药液也最好避光；避免与碱性物质接触因分解而失去杀虫活性。

第八节 常用中草药

一、大黄

【性状】 大黄为多年生草本，呈圆柱形或圆锥形的不规则块状；表面为黄棕色至棕红色，断面为浅棕红色或黄棕色，气清香，味苦而微涩，质坚实。

【作用与用途】 对多数革兰氏阳性和阴性菌，如柱状嗜纤维菌、气单胞菌等有强抑制作用；具抗病毒作用，如抗草鱼出血病病毒；也有止血促凝作用。

【用法与用量】 碾成细粉末拌饵，混饲，添加量为每100千克体重3～5克；用水煮沸数分钟后全池泼洒（使用前先将大黄用0.3%的氨水按1:20的比例，室温下浸浴12～24小时，使蒽醌类衍生物游离出来，以提高疗效）的用量为3～5克/米^{3}水体，每天1次，连用2次。

【注意事项】 禁与生石灰合用。

二、黄檗

【性状】 黄檗为落叶乔木，树皮外层灰色并带有较厚的木栓层，有深沟裂；川黄柏树皮无加厚的木栓层。

【作用与用途】 具广谱抗菌作用和调节机体功能的作用。

【用法与用量】 煎汁口服或浸浴。口服，每100千克体重5～10克；浸浴，5～10克/米^{3}水体。

三、黄芩

【性状】 黄芩为多年生草本，主根粗壮，略呈圆锥形，外皮棕褐色，折断由鲜黄色渐变黄绿色。

【作用与用途】 具广谱抗菌作用，抗炎抗变态反应；同时具有解热、利胆、镇定作用。

【用法与用量】 煎汁口服或浸浴。口服，每100千克体重5~10克；浸浴，5~10克/米^{3}水体。

四、黄连

【性状】 黄连为多年生草本，根状茎细长柱状，根茎黄色，有分枝，密生须根。

【作用与用途】 具广谱抗菌、抗某些病毒和抗原虫作用。此外还具有调节机体功能作用。

【用法与用量】 煎汁口服或浸浴。口服，每100千克体重3~5克；浸浴，5~8克/米^{3}水体。

五、五倍子

【性状】 五倍子角倍呈不规则囊状，有若干瘤状突起或角状分枝，表面为黄棕色至灰棕色，并具灰白软滑的绒毛，碎后可见中心为空洞；肚倍呈纺锤形状，无突起或分枝，外面毛茸较少，折断面角质样，较角倍光亮。

【作用与用途】 具抗革兰氏阳性和阴性菌的作用；对皮肤、黏膜、溃疡等有良好的收敛作用；对表皮真菌有一定的抑制作用；能加速血液凝固，有止血作用。

【用法与用量】 浸浴，煮沸10~15分钟，去渣取汁，用量为3~5克/米^{3}水体。

六、大蒜

【性状】 大蒜为多年生草本，具强烈臭辣味；地下鳞茎球形或扁球形，6~10瓣。

【作用与用途】 对多数细菌有较强的抑制作用，能杀灭某些原虫；此外还具健胃助消化作用。

【用法与用量】 生大蒜捣碎混饲口服，用量为每100千克体重5~10克。

七、穿心莲

【性状】 穿心莲为多年生草本。

【作用与用途】 具抗菌、抗病毒、扩张血管、促进白细胞吞食的作用。

【用法与用量】 煎汁，口服或浸浴。口服，每 100 千克体重 5～10 克；浸浴，10～15 克/米^3 水体。

八、鱼腥草

【性状】 鱼腥草为多年生草本，有特殊腥臭味，茎上有节，叶互生、心形。

【作用与用途】 对各种微生物生长有抑制作用。能调节动物机体本身的防御因素，提高机体免疫力；同时具有镇痛、止血、抑制浆液分泌、促进组织再生等作用。

【用法与用量】 煎汁，口服或浸浴。用于防治草鱼细菌性烂鳃病时，口服，1～2 克/千克体重，每天 1 次，连用 3 天；浸浴，10～20 克/米^{3}水体。

九、板蓝根

【性状】 板蓝根为两年生草本，主根深长，圆柱形，稍弯曲，外皮灰黄色。

【作用与用途】 具有抗病原微生物的作用，对溶血性链球菌、白喉杆菌、大肠杆菌、志贺氏痢疾杆菌等都有抑制作用；具有抗多种病毒和解毒的作用。

【用法与用量】 煎汁，口服或浸浴。口服，每 100 千克体重 5～10 克；浸浴，5～10 克/米^3 水体。

十、苦楝

【性状】 苦楝为落叶乔木，树皮暗褐色有皴裂。

【作用与用途】 具驱肠虫作用，苦楝子水或酒精浸液对常见致病性皮肤真菌有效果明显的抑制作用。

【用法与用量】 煎汁，口服或浸浴。口服，每 100 千克体重 10～15 克；浸浴，10～15 克/米^3 水体。

十一、槟榔

【性状】 槟榔为常绿乔木，不分枝，有多数叶痕脱落后形成的环

纹；坚果卵圆形，红色；中间卵形种子为槟榔。

【作用与用途】 驱多种蠕虫、抗致病性病毒；对致病性皮肤真菌有抑制作用。槟榔与苦楝皮、贯众、使君子、南瓜子等合用，用于治疗鱼类体内外寄生虫。

【用法与用量】 煎汁，口服或浸浴。口服，每100千克体重5~10克；浸浴，5~10克/米^{3}水体。

十二、青蒿

【性状】 青蒿为一年生草本，全株有较强的挥发油气味。

【作用与用途】 抗多种原虫，对疟原虫有杀灭效果。青蒿水浸剂(1:3)在体外试验对某些皮肤真菌有些抑制作用；其乙醇提取物在试管内对钩端螺旋体的抗菌剂量为7.8毫克/毫升。

【用法与用量】 煎汁，口服或浸浴。口服，每100千克体重10~15克；浸浴，10~20克/米^{3}水体。

第九节 科学使用渔药

一、渔药使用须遵循的原则

1）渔用药物的使用应以不危害人类健康和不破坏水域生态环境为基本原则。

2）水生动植物在养殖过程中关于病虫害的防治，应坚持“以防为主，防治结合”。

3）渔药的使用应严格遵循国家和有关部门的有关规定，严禁生产、销售和使用未经取得生产许可证、批准文号与没有生产执行标准的渔药。

4）积极鼓励研制、生产和使用“三效”（高效、速效、长效）、“三小”（毒性小、副作用小、用量小）的渔药，提倡使用水产专用渔药、生物源渔药和渔用生物制品。

5）病害发生时应对症用药，防止滥用渔药与盲目增大用药量或增加用药次数、延长用药时间等。

6）食用鱼上市前，应有相应的休药期。休药期的长短，应确保上市水产品的药物残留限量符合国家有关的规定要求。

7）严禁使用禁药。

二、给药剂量

1）给药剂量按渔药制剂产品说明书为准。

2）口服给药的剂量常以主动摄食的水生生物的体重（毫克/千克）而确定；药物拌饵还要考虑养殖生物的摄食率，以此计算饵料中应添加的药物剂量。

3）药浴或全池泼洒给药则按养殖水体体积计算给药剂量，但也需要考虑池塘中各种理化和生物因子的影响，诸如pH、溶解氧、水温、硬度、盐度、有机质和浮游生物的含量等。

4）挂袋（篓）给药时，药物的最小有效剂量必须低于水产生物的回避剂量。

5）注射法给药时，按照注射个体的重量计算出给药的剂量。

三、给药时间

1）通常情况下，当日死亡数量达到了养殖群体的0.1%以上时，就应进行给药治疗。

2）给药时间一般常选择在晴天11：00前（一般为9：00~11：00）或15：00后（一般为15：00~17：00）给药，因为这时药生效快、药效强、毒副作用小。

3）最适给药时间的确定应考虑以下方面。

① 渔药理化性质：多数渔药在遍洒给药过程中都要消耗水体中的氧气，因而不宜在傍晚或夜间用药（某些有氧释放的渔药除外，如过氧化钙、过氧化氢等）；外用杀虫剂不宜在清晨或阴雨天给药，因为此时用药不仅药效低，还会造成养殖生物缺氧“浮头”，甚至泛池。

② 天气情况：池塘泼洒渔药，宜在上午或下午施用，避开中午阳光直射时间，以免影响药效；阴雨天、闷热天气、鱼虾“浮头”时不得给药。

四、给药途径

选择给药途径时，应考虑以下情况。

1. 患病生物的生理、病理状况

对于患病严重的鱼池，病鱼会停止摄食或很少摄食，所以应选择全池遍洒、浸浴法等给药方法，避免使用投喂法、挂袋法；一些体表患有溃疡、伤口感染等病灶的，特别是亲鱼、龟、鳖、蛙类，可用涂抹法给药。

2. 病原体的种类

由细菌、病毒和体内寄生虫引起的疾病，可用口服法、挂袋法、全池遍洒法、浸浴法、浸泡法给药；由体表寄生虫引起的疾病可用全池遍洒法、浸浴法、浸泡法给药。

3. 药物的理化性质与类型

不同药物的水溶性不同，除杀虫药物外，能溶于水或经少量溶媒处理后就能溶于水的药物，可采取拌饵口服投喂法、全池遍洒法、浸浴法、挂袋法；杀虫类药物可用全池遍洒法、浸浴法、挂袋法；疫苗（可根据免疫对象选用浸浴法、喷雾法甚至口服法）、亲鱼使用催产激素可采用注射法。

4. 治疗目的

（1）口服法　适用于病后恢复及内脏器官疾病的防治，患病生物病情严重时不宜采用。

（2）遍洒法　用于杀灭体表、鳃部及水中病原体，通常在养殖池、器具消毒、杀灭敌害生物、苗种培育阶段使用，但用药量较大，使用不慎易发生中毒死亡事故。

（3）浸浴法　用来杀灭养殖生物体表及鱼鳃部寄生的病原体，一般只作为转池或运输前后的预防消毒用，但不能杀灭水体中的病原体，浸浴法较易损伤鱼体。

（4）注射法　对细菌性、病毒性疾病都可防治，适用数量少而又珍贵的种类，或是用于繁殖后代的亲本疾病防治；注射法费工费时，特别是在鱼小数量多的情况下，一般不宜采用。

（5）涂抹法　主要用于某些鱼、蛙、鳖等养殖生物皮肤溃疡病及其他局部感染或外伤等体表病灶的处理，但易使药液流入鳃部，致鳃坏死。

（6）挂袋法　用于摄食时杀灭养殖生物体表和鱼鳃部病原体，常用于预防或病情较轻时的治疗，但挂袋法对病原体杀灭不彻底。

五、疗程

1）疗程长短应视病情的轻重、病程的缓急及渔药的作用及其在体内的代谢过程而定，对于病情重、持续时间长的疾病一定要有足够的疗程，1 个疗程结束后，应视具体的病情决定是否追加疗程，过早停药不仅会导致疾病的治疗不彻底，而且还会使病原体产生抗药性。

2）一般来说，抗生素类渔药的疗程为 5 ~ 7 天；杀虫类渔药疗程为 1 ~ 2 天；采用药饵防病时疗程为 10 ~ 20 天。但不同的药物、不同的养殖对象和所针对的不同的病原体其疗程各不相同，如敌百虫治疗锚头鳋病时的疗程为 5 天，一般用 2 ~ 3 个疗程，每个疗程相隔 5 ~ 7 天；而用其治疗中华鱼鳋病时每个疗程只需 3 天左右，一般只需 1 个疗程。

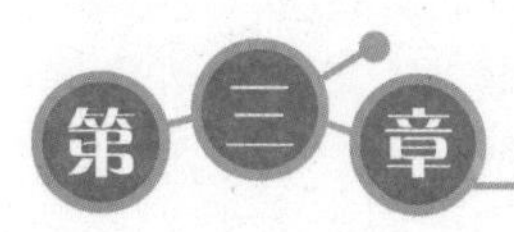

第三章 各种鱼病的诊断和治疗

我国淡水养殖鱼类疾病大致可以分为：病毒性鱼病、细菌性鱼病、真菌性鱼病、由藻类引起的鱼病、由寄生虫引起的疾病和非寄生性鱼病。其中以病毒性鱼病和细菌性鱼病造成的危害和损失最大，这类疾病发病急、死亡快，而且死亡率高。

第一节 病毒性鱼病

由病毒感染而引起的鱼病，称病毒性鱼病。病毒寄生在鱼类的细胞内，因此至今没有理想的治疗方法，主要靠预防来控制此类鱼病的发生。

一、草鱼出血病

【病原体】 草鱼呼肠孤病毒，又名草鱼出血病病毒。

【流行情况】 1970 年首次发现，此后相继在湖北、湖南、广东、广西、江苏、浙江、安徽、福建、上海、四川等省、直辖市、自治区的各主要养鱼区流行。草鱼、青鱼和麦穗鱼都可发病，但主要危害草鱼，2.5～15.0 厘米大小的草鱼都可发病，发病死亡率一般在 30%～50%，高的可达 60%～80%，危害极为严重，有时 2 足龄以上的大草鱼也能患病。近年来由于各地忽视了免疫工作，草鱼病毒病的发病率呈上升趋势。水温在 20～33℃时发生流行，最适流行水温为27～30℃，本病通常发生于6 月下旬到9 月中旬。当水质恶化，水中溶氧量偏低，透明度低，水中总氮、有机氮、亚硝酸态氮和有机物耗氧率偏高，水温变化较大，鱼体抵抗力低下，病毒量多时易发生流行；水温在 12℃以下及 34.5℃以上时也有发生。从健康鱼感染到疾病发生需 7～10 天。一旦发生，常导致急性大批死亡。

【症状】 病鱼体色发黑，各器官、组织有不同程度的充血、出血现象；小的鱼种在阳光或灯光透视下，可见皮下肌肉充血、出血。主要症

状表现在病鱼的口腔上下颌、头顶部、眼眶周围、鳃盖、鳃及鳍条基部都充血，有时眼球突出。大多数病鱼在剥去皮肤后，可见肌肉呈点状或斑块状充血，严重时全身肌肉呈鲜红色。剥开腹腔，可见肠道全部或部分因肠壁充血而呈鲜红色，但仍具有韧性，肠内无食物，但很少有气泡或黏液，可区别于细菌性肠炎病。肠系膜及周围脂肪、鳔、胆囊、肝脏、脾脏、肾脏有出血点或血丝。一般鳃部无明显病变，但由于内出血而导致鳃部苍白，故称“白鳃”，也有的鳃瓣呈红色斑点状充血。上述症状可在各病鱼中交替出现。

按其症状表现和病理变化的差异大致可分为3个类型，可同时出现，也可交替出现。

（1）红肌肉型　主要表现为肌肉明显出血，呈鲜红色，但体表无明显症状，与此同时鳃瓣则往往严重失血，出现“白鳃”。5~10厘米的草鱼鱼种易出现此种症状。

（2）红鳍红鳃盖型　主要表现为鳍基、鳃盖、头顶、眼眶、口腔等处有明显出血点，有时鳞片下也有充血现象，但肌肉充血不明显，或仅局部出现点状充血。10厘米以上的大草鱼鱼种易出现此种症状。

草鱼出血病

（3）肠炎型　主要表现为肠道严重充血，体表和肌肉充血现象不明显，各种规格的草鱼鱼种均可见到。

【诊断】　通过肉眼观察诊断，主要是充血、出血。发病鱼一般体色为暗黑而微带红色，部分病鱼的口腔、下颌、头顶或眼眶周围、鳃盖、鳍条基部表现为充血，严重时眼球突出；小的鱼种，在阳光下或灯光下透视，可见皮下充血现象。

【防治方法】

（1）预防

1）池塘消毒。清除池底过多淤泥，改善池塘养殖环境，并用200克/米^{3}的生石灰或20克/米^{3}的漂白粉（含有效氯30%）泼洒消毒。

2）下塘前药浴。鱼种下塘前，用聚维酮碘30克/米^{3}药浴20分钟左右。

3）养殖期内，每半个月全池泼洒二氯异氰尿酸钠或三氯异氰尿酸0.3克/米^{3}或漂白精0.1~0.2克/米^3。

4）人工免疫预防。发病季节到来之前，人工注射草鱼出血病弱毒疫苗或草鱼出血病病毒细胞灭活疫苗可产生特异性免疫力，保护草鱼安全度过当年本病流行季节。

（2）药物治疗

1）大黄粉。每100千克鱼种每天用0.5～1.0千克大黄粉，拌入适量饲料投喂，每天1次，连喂1星期。

2）喜旱莲子草（水花生）等。每50千克鱼种用水花生5千克、大黄粉0.5千克、韭菜1千克、大蒜0.25千克、食盐0.25千克，将水花生、韭菜、大蒜捣烂拌入食盐、大黄粉，加入面粉、麦麸或浮萍等5～10千克制成药饵投喂，连喂7～10天。

3）使用强力杀菌消毒剂，每亩水深1米用量为500克；同时每100千克鱼，每天用4%的碘液60毫升拌饵投喂4天。

4）每万尾鱼种用枫香树叶0.5千克，研成粉末，经煎煮或热开水浸泡过夜，与饵料混合后投喂，连用5天。

5）三黄散（大黄、黄芪、黄檗三者的比例为5:3:2）与磺胺类药物联用，剂量参照药品说明书，连喂5～7天为1个疗程。

提示

疫苗可以有效地预防本病的发生。在放苗前人工注射中国水产科学研究院珠江水产研究所研发的草鱼出血病弱毒疫苗，对本病有较好的防治效果。

二、传染性胰脏坏死病

【病原体】 传染性胰脏坏死病毒。

【流行情况】 传染性胰脏坏死病发生于欧洲及加拿大、美国、日本等国，20世纪80年代传入我国，流行水温为10～15℃。传染性胰脏坏死病毒主要危害虹鳟、红点鲑、河鳟、克氏鲑、银大马哈鱼、大口玫瑰大马哈鱼、大西洋鲑、大鳞大马哈鱼等，主要危害14～70日龄的鱼苗和幼鱼，发病率极高，水温10～14℃时为发病高峰，死亡率可高达80%～100%，鱼越小死亡率越高。在不同的条件下发病率有较大差异，主要取决于宿主的种类、品系、年龄、病毒株的毒力差异及水温。最重要的传染源是病鱼，也可通过卵、精子、粪便及被其污染的水和渔具传播。

【症状】 传染性胰脏坏死病的潜伏期为6～10天。病鱼的特征之一是生长发育良好、外表正常的苗种突然死亡，并出现突然离群狂游、翻滚、旋转等异常游泳姿势，随后停于水底，间歇片刻后重复上述姿势游

动，不久便沉入水底而死。病鱼体色发黑，眼球突出，腹部膨大，并在腹鳍的基部可见到充血、出血，肛门常拖一条灰白色粪便。解剖病鱼进行检查，可见有腹水，病鱼胰脏充血，幽门垂出血，组织细胞严重坏死；肝脏、脾脏、肾脏苍白贫血，也有坏死病灶，胃出血，肠道内无食物，有乳白色透明或浅黄色黏液，这些黏液样物在5%~10%的福尔马林中不凝固，这具有诊断价值。

【诊断】　根据症状及流行情况进行初步诊断。观察发病的鱼是否是容易感染的种类，然后结合病鱼游动行为及特有的内外部症状做出初步判断；肠道内黏液是否在5%~10%的福尔马林中凝固，目检病鱼的内部器官通常苍白，最明显的特征是胰脏坏死，如此可进一步做出诊断。用直接荧光抗体法、中和试验法、补体结合法或酶联免疫吸附试验能迅速、准确地检测出在组织及培养细胞内的病毒。

【防治方法】

1）加强综合防治措施，建立严格检疫制度，严格隔离病鱼，不得留作亲鱼。

2）发现疫情要严格进行消毒，切断传染源，防治水污染，建立独立水体，强化鱼卵孵化和鱼苗培育的消毒处理。

3）鱼卵（已有眼点）用含量为50克/米^{3}的复方聚维酮碘浸浴15分钟。

4）将大黄研成末，按每千克鱼体重用药5克的剂量拌入饲料中投喂，连喂5天为1个疗程。

5）把水温降低到10℃以下，可降低死亡率。

6）发病早期用聚维酮碘拌饲投喂，每千克鱼每天用药1.64~1.91克，连喂15天。

7）2500尾0.4克的仔鱼投喂3毫克植物血凝素，分2次投喂，间隔15天，据报道对预防本病有一定效果。

提示

要将传染性胰脏坏死病与传染性造血器官坏死病相区别，这两种病毒都主要感染鲑科鱼类的鱼苗及当年鱼种，且流行水温相似，前者表现为生长发育良好、外表正常的苗种突然死亡，且肠道常见乳白色透明或浅黄色黏液，这些黏液样物在5%~10%的福尔马林中不凝固。

三、鳗狂游病

【病原体】 鳗冠状病毒样病毒。

【流行情况】 鳗鱼的狂游病也称狂奔病、眩晕病、昏头病等，其发病急，病程短，死亡率极高，是我国欧洲鳗鲡养殖的难题之一。从1995年我国引进这种鱼以来，福建、广东等省的许多鳗鱼场都有发病，给我国鳗鱼养殖造成了严重的经济损失。各种规格的鳗鱼包括白仔至幼鳗、成鳗期的当年鳗（体重100～150克）和2龄鳗（400克）均易发病死亡。流行季节为5～10月，7～8月为发病高峰，呈暴发性流行，死亡率为60%～70%，严重者可达100%。夏季高温季节为流行高峰，故该病又称欧洲鳗夏季狂游病。当水温超过28℃时，水质和底质易恶化，池水中氨氮等有害物质的含量容易升高；另外，残饵的积累也易成为本病流行的诱因。在同一池中往往大个体鳗鱼先死，最后能够存活下来的都是个体小的鳗鱼。本病病程短，死亡率高，从开始发病到发病高峰约7天，发病到死亡约15天。

【症状】 发病前出现异常抢食、食欲极为旺盛的现象，数日后可见个别鳗鱼不摄食、离群、在水中上下乱窜，或旋转游动，或倒退游动，间或头部阵发性痉挛状颤动或扭曲，有的侧游或在水面呈挣扎状游动，急游数秒后沉入水中，再上浮呈挣扎状游动；随后大量病鳗聚集于鳗池中央排污口周围静卧，呈极度虚弱状，对外界刺激反应迟钝，病鱼体表黏液脱落，徒手能捞起，嘴张开，不久后即死亡。检查鳗体，可见少部分病鳗出现肌肉痉挛，躯体出现多节扭曲，胸部皮肤出现皱折，鳍红、烂鳃、烂尾等症状（彩图1）。死鳗数量也迅速增加，死亡率为90%以上。死亡病鳗表现为躯体僵硬，头上仰，有时口张开，下颌有不同程度的充血和溃疡，有的病鱼的口腔、臀鳍、尾部也见充血或溃疡；多数病鱼鳃丝鲜红；肝脏、肾脏肿大，其他脏器肉眼变化不明显。

【诊断】 根据症状及流行情况进行初步诊断，确诊需用中和试验、荧光抗体试验或酶联免疫吸附试验。最直接的方法是将病鳗的肝脏、肾脏、心脏裂解后，经负染电镜检查，看到有大量冠状病毒样病毒。

【防治方法】

1）加强综合防治措施，严格执行检疫制度。注意保持水环境的相对稳定，防止水温变化较大。

2）在鳗池上设置遮阳棚，避免阳光直接照射。

3）定期用二氯异氰尿酸钠或漂白粉消毒。

4）发病时，在饲料中添加一些抗菌抗病毒药物，有一定疗效。如黄芪多糖或三黄粉（用量见药品说明书）。

四、鳗出血性张口病

【病原体】 披膜病毒。

【流行情况】 主要危害鳗鱼，日本鳗鱼最易感染。日本和我国广东、福建等地流行。多数呈散在性零星暴发，大范围流行比较少见，发病后死亡率低。主要流行于夏季，1 足龄以上的日本鳗鱼易发生。本病流行尚无明显规律，往往当年发生后，隔年并不一定流行。

【症状】 患病鳗鲡表现为严重出血，主要是颅腔出血，其次是口腔及头部肌肉出血，上、下颌与鳃盖、胸鳍及皮肤充血（彩图 2），臀鳍充血最为明显，严重者上、下颌萎缩变形；病鱼骨质疏松，易发生骨碎裂，颅腔出现“开天窗”；齿骨与关节骨之间的连接处松脱，口腔常张开，不能闭合；肝脏、脾脏、肾脏肿大，极度贫血。

【诊断】 根据症状及流行情况进行初步诊断，确诊需用中和试验、荧光抗体试验或酶联免疫吸附试验。

【防治方法】 以预防为主，防治方法同鳗狂游病。

五、鲤痘疮病

【病原体】 鲤疱疹病毒。

【流行情况】 本病早在 1563 年就有记载，流行于欧洲，现在朝鲜、日本及我国（上海、湖北、云南、江苏、四川、河北及东北等地）也均有此病例发生，大多呈局部散在流行，大批死亡现象较少，但影响鱼的生长和商品价值。主要危害 1 龄以上的鲤鱼、鲫鱼及圆腹雅罗鱼等，在越冬后期可引起鱼死亡；但同池混养的青鱼、草鱼、鲢鱼、鳙鱼、鳊鱼及赤眼鳟不感染。流行于冬季及早春季节，在水温 10～15℃时，水质肥沃的池塘、水库、网箱养鲤中容易发生；当水温升高后，痘疮会自行脱落至自愈。通过接触传播，也有人提出单殖吸虫、蛭、鲺等可能是传播媒介。

【症状】 早期病鱼的体表出现小斑点，以后增大、变厚，其形状及大小各异，直径可从 1 厘米左右到数厘米，或者更大一些，厚 1～5 毫米，严重时可融合成一片，形状如痘疮，故称痘疮病；增生物表面原为光滑，后来变得有些粗糙，呈玻璃样或蜡样，有时不透明；颜色为浅乳白色、奶油色及褐色（决定于病灶部位的色素），增生的病灶部位常有出血现象。增生物为上皮细胞及结缔组织增生形成的乳头状小突起，分层混乱，常见有丝分裂，尤其在表层，有些上皮细胞的核内有包涵体，染色质边缘化；增生物不侵入表基，也不转移。

【诊断】 根据病鱼症状及流行情况进行初步诊断；进一步诊断需进行增生物组织切片，可见增生物为上皮细胞及结缔组织异常增生，有些上皮细胞的核内有包涵体；最后确诊需进行增生物超薄切片，用透射电镜观察到疱疹病毒，或分离培养到疱疹病毒。

【防治方法】

（1）预防 加强综合预防措施，严格执行检疫制度；流行地区改养对本病不敏感的鱼类；升高水温或减少养殖密度也有预防效果。鱼池用生石灰彻底清塘消毒，有病鱼或病原体的水域需进行消毒处理，最好不用作水源；隔离病鱼，不得留作亲鱼。

（2）治疗 发病池塘应及时灌注新水或转池饲养；水库网箱则可用转移网箱位置加以控制。

1）二溴海因或溴海因按0.2～0.3克/米^{3}的用量全池泼洒，对缓解和治疗池塘中病情有一定效果。

2）内服三黄散有一定效果。

提示

本病为《中华人民共和国动物防疫法》规定管理的二类动物疫病。近年来在锦鲤和商品鲤鱼养殖中发病率都呈上升趋势，症状呈现新的变化，表现为鳃出血、肿胀；眼球凹陷，内脏器官出血。治疗过程中采用减料、保持水质、增加溶氧量、减少对鱼体的刺激、防止继发细菌感染等方法对本病有一定效果。一般水温升高到28℃以上时，本病不出现病理症状。

六、斑点叉尾鮰病毒病

【病原体】 斑点叉尾鮰病毒（CCVD），属疱疹病毒。

【流行情况】 本病最早在美国流行，现洪都拉斯共和国和我国都有流行，给斑点叉尾鮰养殖造成严重损失，已成为危害美国斑点叉尾鮰养殖的最主要的传染病之一。斑点叉尾鮰病毒在自然条件下，主要对鱼苗、鱼种产生危害，但成鱼也可发生隐性感染，成为带病毒者。病鱼或带病毒者通过尿和粪便向水体排出斑点叉尾鮰病毒，发生水平传播，病鱼和

疫水都是主要的传染源；亲鱼感染斑点叉尾鮰病毒，可通过鱼卵发生垂直传播。本病的流行水温是20～30℃，在此温度范围内随水温的升高，发病速度越快，发病率和死亡率越高，水温低于15℃，本病几乎不会发生。

【症状】 本病主要危害当年鱼，水温25℃时会突然暴发，发病急、死亡率高。病鱼食欲下降，甚至不食，离群独游，反应迟钝；有20%～50%的病鱼尾向下、头向上，悬浮于水中，出现间歇性的旋转游动，最后沉入水底，衰竭而死。病鱼鳍条基部、腹部和尾柄基部充血、出血，以腹部充血、出血更为明显；腹部膨大，眼球单侧或双侧性外突；鳃苍白，有的发生出血；部分病鱼可见肛门红肿外突（彩图3）。剖检病鱼可见腹腔内有大量浅黄色或浅红色腹水，胃肠道空虚，没有食物，其内充满浅黄色的黏液；心脏、肝脏、肾脏、脾脏和腹膜等内脏器官发生点状出血；脾脏往往色浅呈红色，肿大；胃膨大，有黏液性分泌物。

【诊断】 根据症状及流行情况进行初步诊断，确诊需用中和试验、荧光抗体试验或DNA探针技术。

【防治方法】

1）消毒与检疫是控制病毒流行的最有效方法，氯消毒剂在有效氯含量为20～50克/米³时，可有效杀灭病毒。因此，用氯制剂加强水体、鱼体和用具的消毒，同时严格执行检疫制度，可控制病毒从疫区传入非疫区。

2）避免用感染了病毒的亲鱼产卵、繁殖。由于病毒感染亲鱼后，可通过垂直传播感染鱼苗、鱼种，因此只有选用无抗病毒中和抗体和没有该病病史的亲鱼才能用于产卵、繁殖。

3）降低水温，终止病毒的流行。在病毒流行时，引冷水入发病池，降低水温到15℃可终止该病毒的流行，从而降低死亡率，以减少病毒所造成的损失。

4）防止继发感染，在病毒流行时，可在饵料中适当添加抗生素，如四环素等，防止细菌继发性感染而减缓病鱼的死亡。

5）减少应激，给予充足的溶氧量。在病毒流行时，应注意保持好的水质，溶氧量应尽量保持在5克/米³以上，同时应减少或避免一些应激性的操作，如拉网作业等，以降低病鱼的死亡率。

6）治疗方法。目前，国外已研制了灭活苗、弱毒苗和亚单位苗，已通过试验证明具有较好的保护作用，但都因为成本较高或免疫途径不方便而没有得到很好的推广与应用。

七、鲑疱疹病毒病

【病原体】 鲑疱疹病毒。

【流行情况】 本病只在北美流行，在日本的鲑科鱼类中也发现有疱疹病毒感染，但与此不同。主要危害虹鳟、大马哈鱼和大鳞大马哈鱼的鱼苗、鱼种。在10℃以下最易感染。

【症状】 病鱼不活泼，食欲减退，消化不良；间歇性狂游，临死前呼吸急促。病鱼大多数体色正常，突眼，口腔、眼眶、鳃和皮肤出血；肝脏呈花斑状，肾脏苍白、不肿大，心脏肿大、坏死。病理切片显示心脏水肿，肌纤维横纹消失，有时呈玻璃样坏死；鳃小瓣上皮组织与结缔组织分离，假鳃广泛水肿、充血坏死；肾小管细胞红肿变性；肝脏组织水肿、出血；肠组织坏死，黏膜脱落。

【诊断】 根据症状及流行情况进行初步诊断，确诊需用电镜切片、中和试验、荧光抗体试验或DNA探针技术。

【防治方法】

1）严格执行检疫制度，进行综合预防。不从疫区引进鱼卵及苗种。

2）注意鱼卵孵化和鱼苗饲养的水温，一般维持在16～20℃可控制疾病的发生和发展。

3）鱼苗在含量为40毫克/米^{3}的聚维酮碘溶液中每天药浴30分钟有一定效果。

第三章

八、鲫疱疹病毒性造血器官坏死症

【病原体】 鲤疱疹病毒Ⅱ型。

【流行情况】 本病最早于1992年在日本金鱼养殖场被发现，造成金鱼死亡率几乎达到100%。1995年在我国台湾地区的金鱼繁育场发生本病，死亡率达90%。而于2008年在我国鲫鱼养殖主产区江苏北部盐城市最早发生本病，2011年在整个江苏北部鲫鱼养殖区出现大面积暴发，合计发病死亡的面积约有10万亩；之后在我国其他鲫鱼养殖区相继发生本病。

本病主要危害金鱼、鲫鱼及其普通变种，金鱼和鲤鱼的杂交体也能感染鲤疱疹病毒Ⅱ型而成为该病毒的携带者。本病主要发生在春秋季节，但主要受水温影响，15～25℃易发病。水温高于25℃时，发病率降低，当水温提高至27℃时，发生死亡现象几乎停止。当环境温度急剧下降至该温度范围时，携带该病毒的金鱼种群能够产生典型的疾病并发生

大量死亡，而当温度缓慢下降时，疾病的发生减缓。

【症状】 病鱼精神沉郁，昏睡，食欲不佳或厌食，呼吸频率增加；身体发黑，在下风或背风处缓慢游动，惊扰后立即窜入水中；一般情况下不易捕捞到，只有在死亡高峰时的池塘下风或背风处用网能捕捞到。捕捞到的病鱼身体发红，侧线鳞以下及腹部尤为明显；病鱼鳃盖肿胀，在鳃盖张合的过程中（或鱼体跳跃的过程中），会从鳃部流出血水；病鱼死亡后，鳃盖有明显的出血症状；剪开鳃盖观察，鳃丝肿胀并附有大量黏液；病鱼鳍条末梢发白，尾鳍尤为明显，并且分叉，严重如蛀鳍状。解剖后可见腹部有腹水，脾脏和肾脏肿胀并呈苍白色，偶尔能见多处白色病灶，肝脏苍白，肠道空，内黏膜糜烂，鳔上有瘀斑性出血；患病金鱼鳍上有水泡状脓疱，有些鱼还表现为腹部膨大，眼球突出；肌肉充血。

【诊断】

1）根据症状及流行情况进行初步诊断。如鳍条末梢发白、在鳃盖张合的过程中（或鱼体跳跃的过程中）从鳃部流出血水。

2）病毒核酸检测。采用鲤疱疹病毒Ⅱ型病毒快速检测试剂盒进行检测，可基本确诊。

【防治方法】

（1）预防

1）彻底清塘。

2）严格检疫亲鱼带病毒情况，选取健壮无毒亲鱼繁育的鱼种。

3）鱼种下塘前，水温在10℃以上时用鲤疱疹病毒Ⅱ型组织苗进行免疫（浙江省淡水水产研究所鱼病室研制），可减少发病，保护期为1年以上，可帮助鱼种安全度过高温季节。

4）平时加强寄生虫病的防治工作。

5）在养殖管理过程中必须进行生态养殖。

6）减少药物使用，增强鱼体体质，提高机体免疫力和抗应激能力。

7）发病鱼池用过的工具，要进行消毒；病死鱼要及时捞出深埋，不能到处乱扔。

（2）治疗 本病无药可治，主要以增强鱼体免疫力和抵抗力，改善水体养殖环境和减少寄生虫感染来减少健康鱼的感染。

九、鲤春病毒病

【病原体】 鲤弹状病毒。

【流行情况】 本病是一种急性传染病，为全球性鱼病，尤其在欧洲最为流行，在我国也流行。主要危害1龄以上的鲤鱼，鱼苗、鱼种很少感染，偶尔也能在鲢鱼、鳙鱼、鲫鱼、草鱼和狗鱼中分离到鲤弹状病毒，但鲤鱼尤其容易被感染。只流行于春季，鲤鱼刚越冬以后最易流行，流行水温为13～20℃，亲鲤鱼死亡率极高，在水温超过22℃时就不再发病，所以叫鲤春病毒病。病鱼和死鱼是主要传染源，可通过水传播，病毒经鳃和肠道入侵，人工感染还可使狗鱼鱼苗及草鱼等发病；也可由吸血的鱼类寄生虫如鲤虱或水蛭吸食鲤鱼血液时传播。本病潜伏期约20天，发病后2～14天可造成大量死亡，死亡率最高可达到50%。

【症状】 本病潜伏期6～10天，发病后，病鱼体色变黑，呼吸缓慢，侧游，突眼，腹部膨胀，腹腔内有渗出液，最后因失去游泳能力而死亡。目检病鱼，可见两侧有浮肿红斑，体表有轻度或重度充血，鳍基发炎，有肠炎症状，肛门红肿突出，常排出长条黏液；随着病情的发展，腹部明显肿大，眼球外出，鳃苍白，肌肉也因出血而呈红色，有时可见竖鳞（彩图4）。解剖病鱼，可见腹腔有血水，肝脏及心肌也有局部坏死，心肌炎，心包炎，肠道、肝脏、脾脏、肾脏及鳔等器官充血、发炎。

【诊断】 根据症状及流行情况进行初步诊断。用尾柄细胞株或上皮瘤细胞株分离病毒，观察细胞病变可进行进一步诊断。确诊也可用抗鲤春弹状病毒血清进行中和试验。

【防治方法】

1）加强综合防治措施，严格执行检疫制度，用消毒剂彻底消毒。

2）水温提高到22℃以上。

3）可采用2～5克聚维酮碘拌饲投喂100千克鱼，10～15天为1个疗程；同时采用0.7克/米^{3}的硫酸铜全池泼洒，或每亩用10～15千克生石灰兑水化浆泼洒。

4）选育有抵抗力的品种。俄罗斯一直在进行这方面的工作，现已获得抗病力较强的品种，成活率提高30%。

提示

本病为《中华人民共和国动物防疫法》规定管理的一类动物疫病，无有效治疗方法，发现疫病或疑似病例时，必须销毁染疫动物，同时彻底消毒养殖设施。

十、鲤鳔炎病

【病原体】 属弹状病毒。

【流行情况】 1958年在苏联发生流行，以后主要在德国、匈牙利、波兰、荷兰等欧洲国家流行。流行温度为15～22℃。主要危害鲤鱼、野鲤等，2月龄以上最易感染，发病急、死亡快，死亡率高，最高可达100%。

【症状】 病鱼体色发黑、贫血、消瘦、反应迟钝，有神经症状，狂游、侧游，腹部膨大；鳔组织发炎、增厚，鳔内腔变小，内充满黏液；皮肤及内脏等器官具有小的斑点，甚至较大的棕色斑块。

【诊断】 根据症状及流行情况进行初步诊断，确诊需用病毒分离和中和试验。

【防治方法】

1）加强综合防治措施，严格执行检疫制度，定期消毒。

2）用亚甲蓝拌饲投喂有一定效果，用量为1龄鱼每尾每天20～30毫克，2龄鱼每尾每天40毫克。

3）每千克鱼用10～30毫克氟苯尼考拌饲投喂，每天1次，连喂3～5天，能减少继发性细菌感染，从而减少死亡。

十一、牙鲆弹状病毒病

【病原体】 牙鲆弹状病毒。

【流行情况】 本病在1986年日本首次报道。山东的青岛、威海等地室内水泥池养殖的牙鲆发现有此病征。发病季节为冬季和早春，在水温10℃时牙鲆的死亡率可高达60%。本病主要危害牙鲆，人工感染对真鲷、黑鲷有强烈的致病性；从香鱼中也分离到此病毒，对虹鳟也有致病作用。本病主要分布于日本，近年来在我国山东沿海有类似病症。

【症状】 患病的牙鲆体色变黑，动作缓慢，静止于水底或漫游于水面；体表和鳍基部充血或出血（彩图5），腹部膨胀，内有腹水；生殖腺瘀血；肌肉出血；肾脏造血组织坏死，细胞核固缩、破碎、崩解、消失，肾小管上皮崩解、坏死，黑色素大量沉积；脾脏内实质细胞坏死；肠管黏膜固有层与黏膜下肌肉层充血、肿胀，胃黏膜上皮、黏膜下肌肉层显著出血；肝脏毛细血管扩张、充血，肝脏实质细胞变性、坏死。

【诊断】 根据症状及流行情况进行初步诊断，确诊需用细胞系对病毒进行分离鉴定。

【防治方法】

1）加强水体消毒。工厂化养殖用水经紫外线或臭氧消毒，也可用含氯消毒剂消毒。

2）受精卵用含量为25毫升/米^{3}的聚维酮碘溶液浸浴15分钟。

3）加强管理。提高养殖水温至15℃以上，可以有效地防止本病的发生。养殖池塘（或网箱）发现病鱼，应及时隔离，病死鱼要捞出进行无害化处理。

十二、传染性造血器官坏死病

【病原体】　传染性造血器官坏死病毒。

【流行情况】　本病最早流行于美国、加拿大，1971年传入日本等国，1985年传入我国东北地区。主要危害虹鳟、大鳞大马哈鱼、红大马哈鱼、马苏大马哈鱼、河鳟等鲑科鱼类的鱼苗及当年鱼种，尤其是以刚孵出的鱼苗到摄食4周龄的鱼种（体重0.2～0.6克）为甚，死亡率高；1龄鱼种也会患病，但死亡率不高，2龄以上的鱼不发病。水温4～13℃时发病，以水温8～10℃发病率最高，15℃时自然发病现象消失。病鱼是主要传染源，可借助鱼卵、精液、排泄物、水等多种媒介传播。

【症状】　病鱼首先游动缓慢，顺流漂起，摇晃摆动，时而出现痉挛，继而浮起横转，往往在剧烈游动后不久即死，此时出现的狂游是病鱼的特征之一。病鱼体色发黑，突眼，腹鳍基部充血，贫血，腹部因腹腔积水而膨胀，肝脏、脾脏水肿并变白；口腔、骨骼肌、脂肪组织、腹膜、脑膜、鳔和心包膜常有出血斑点，肠出血，鱼苗的卵黄囊也会出血；胰脏坏死，消化道的黏膜发生变性、坏死、剥离。病后残存的鱼脊椎弯曲。

【诊断】　根据症状及流行情况进行初步诊断，本病特征之一是苗种突然死亡，病鱼肛门拖一条黏液便，比较粗长。也可对病鱼的肾脏和胃肠道进行石蜡切片观察，还可以进行病毒的分离培养；确诊需用中和试验、荧光抗体试验或酶联免疫吸附试验。

【防治方法】

1）加强综合防治措施，严格执行检疫制度，不将带有病毒的鱼卵、鱼苗、鱼种及亲鱼运入。

2）鱼卵（已有眼点）用聚维酮碘消毒，用量为10升水中加聚维酮碘50毫升，药浴15分钟。

第三章

3）用传染性造血组织坏死病组织浆灭活疫苗浸泡免疫，保护率可达75%。

4）在鱼卵孵化及苗种培育阶段将水温提高到17～20℃，可防止本病发生。

5）用大黄等中草药拌饲投喂，有防治作用。

十三、病毒性出血性败血症

【病原体】　艾特韦病毒。

【流行情况】　主要流行于欧洲及我国东北等地。主要危害虹鳟、溪鳟等1龄鱼；人工感染可使河鳟、美国红点鲑、鮰苗、白鲑、湖鳟发病，但虹鳟与大马哈鱼杂交的三倍体不感染；据报道温水性鱼类中的银鲫也有感染性。冬末春初，水温6～12℃为流行季节，8℃左右时最容易发病，给鱼造成毁灭性打击，死亡率可达80%，15℃时零星发生。病鱼是重要的传染源，即使在疾病恢复期，病毒也能在体内持续好几周，也可通过病鱼的排泄物等从水中传播。

【症状】　本病有3种类型。

（1）急性型　发病迅速，死亡率高。病鱼体色发黑，贫血，眼球突出，眼、眼眶四周及口腔上颌充血或出血；胸鳍基部及皮肤出血，鳃苍白或呈花斑状充血；肌肉脂肪组织、鳔、肠均有出血症状；肝脏、肾脏水肿，变性坏死；骨骼肌有时发生玻璃样变性、坏死。

（2）慢性型　感染后病程较长，死亡率低。病鱼体色发黑，眼球显著突出，严重贫血；鳃丝肿胀，苍白贫血，很少出血；肌肉和内脏均有出血症状，并常伴有腹水；肝脏、肾脏、脾脏等颜色变浅。

（3）神经性型　主要表现为病鱼运动异常，在水中静止，时而旋转运动，时而狂游或跳出水面或沉入水底，有时侧游。目检观察，腹腔收缩，体表出血症状不明显。病程较慢，在数天内逐渐死亡，死亡率低。

【诊断】　根据症状及流行情况进行初步诊断，确诊需用直接或间接荧光抗体法或抗血清中和试验。

【防治方法】

1）加强综合防治措施，建立严格检疫制度；严格隔离病鱼，不得留作亲鱼。

2）发现疫情要进行严格消毒，切断传染源，防止水污染，建立独立水体，强化鱼卵孵化和鱼苗培育的消毒处理。

3）鱼卵（已有眼点）用含量为50克/米^{3}的聚维酮碘溶液浸浴15分钟。

4）将大黄研成末，按每千克鱼用药5克的剂量拌入饲料中投喂，连喂5天为1个疗程。

5）把水温降低到10℃以下，可降低死亡率。

6）发病早期用聚维酮碘拌饲投喂，每千克鱼每天用药1.64～1.91克，连喂15天。

7）2500尾0.4克仔鱼投喂3毫克植物血凝素，分2次投喂，间隔15天，对预防本病有一定效果。

十四、牙鲆淋巴囊肿病

【病原体】 淋巴囊肿病毒。

【流行情况】 是发现最早的鱼类病毒性疾病之一，于1874年就有记载，也是最早有文字记载的鱼类病毒病，目前国外曾报告包括海水、淡水和半咸淡水在内的9科42目125种鱼类患淋巴囊肿病。在淡水鱼中主要是危害丽科的鱼，如各种慈鲷和短鲷；在海水鱼类中是鲈形目、鲽形目和鲀形目中的一些种类。我国水产养殖的军曹鱼、鲈鱼、真鲷、红斑笛鲷、紫红笛鲷、石斑鱼、牙鲆、大菱鲆和东方鲀等都曾发现过；在我国全年均可发生，但水温10～25℃时为发病高峰期。在低密度和良好养殖条件下一般不会引起大量死亡，但如果环境差或与细菌并发感染，可引起严重疾病，导致死亡。网箱和室内水泥池工厂化养殖的感染率可高达90%以上，池塘养殖的感染率为20%～30%。在苗种阶段和1龄鱼种，发病后2个月死亡率达30%以上；2龄以上的鱼很少出现死亡，但病鱼外表难看，失去商品价值；有的经过一段时间，体表的囊肿物会自然脱落而恢复正常。这种病毒的传染性不强，通常在一个养殖群体中仅有部分鱼生病，一个网箱中的鱼患病时其周围网箱中的鱼不受感染。可能是因为该病毒在海水中的生存能力很弱，或者必须通过媒介才能感染。感染途径可能是病鱼排出的病毒进入水中，其他鱼接触后被感染；皮肤擦伤或受寄生虫损伤后往往成为病毒侵入的门户。

【症状】 淋巴囊肿病是一种慢性皮肤瘤，从外观上看近似于体表乳头状肿瘤。病鱼的皮肤、鳍和尾部等处出现许多水泡状囊肿物，这些肿胀物有各自分散的，也有聚集成团的；囊肿物多呈白色、浅灰色、灰黄色，有的带有出血灶而显微红色，较大的囊肿物上有肉眼可见的红色小

血管；囊肿大小不一，小的 1～2 毫米，大者达 10 毫米以上，并常紧密相连呈桑葚状；囊肿除发生在鱼体表外，在解剖病鱼时也偶然发现在鳃丝、咽喉、肌肉、肠壁、肠系膜、围心膜、腹膜、肝脏、脾脏等组织器官上，严重患者可遍及全身。鱼发病时摄食行为正常，但生长缓慢；病征严重的基本不摄食，部分死亡；部分感染的鱼体表囊肿物脱落，恢复正常，并可在一定时间内具有免疫力。

【诊断】　根据症状及流行情况进行初步诊断。确诊可用 BF-2、LBF-1 等细胞株分离培养病毒，再通过电镜观察到病毒粒子；还可用酶联免疫吸附试验（ELISA）进行检测。

【防治方法】

1）加强综合防治措施，严格执行检疫制度，定期消毒。

2）人工繁殖用亲鱼应严格检疫，确保为无病毒感染的健康鱼；养殖苗种无患病症状；对发病的养殖网箱或鱼池实施隔离，捞除病鱼死鱼；应避免残饵及分选、换网箱等。

3）本病易继发细菌感染，可适当投喂抗生素药饵，预防细菌感染而加重病情。

十五、真鲷虹彩病毒病

【病原体】　真鲷虹彩病毒。

【流行情况】　本病在 1990 年最先发现于日本养殖的真鲷，主要危害幼鱼，发病后死亡率高达 37.9%。1 周龄以上的鱼发病较轻，死亡率为 4.1% 左右。发病期在 7～10 月，水温 22.6～25.5℃ 为发病最高峰；水温降至 18℃ 以下可自然停止发病。本病对海水养殖鱼类威胁很大，应引起注意。真鲷虹彩病毒病的主要传播方式是通过水平传播。

【症状】　病鱼体色变黑，昏睡，严重贫血；体表和鳍出血，鳃充血、水肿、有瘀斑。解剖病鱼可明显地观察到肝脏瘀血、肿大，脾脏肥大，肾脏和头肾也往往肥大，肠道充血、无食物。本病的特征是在显微镜下可见到病鱼的脾脏、心脏、肾脏、肝脏和鳃组织的切片中有能被吉姆萨（Giemsa）染色的异常肥大的细胞。

真鲷虹彩病毒病

【诊断】　根据病鱼体表、鳃的外观症状和脾脏肥大可做出初步诊断。较为简单的快速检测方法是取病鱼脾脏、肝脏、心脏、肾脏或鳃组织制成切片，经 Giemsa 染色可在光镜下观察到异常肥大的细胞。PCR 技术已应用于对本病的诊断，且与免疫学诊断比较，PCR 的灵敏性、准确性更高。

【防治方法】 对本病应以预防为主，加强饲养管理。日本正在研制真鲷虹彩病毒的商用疫苗，这将是有效的防治途径。

十六、鳜暴发性传染病

【病原体】 暂定为鳜病毒或鳜传染性肝、肾坏死病毒。

【流行情况】 本病发生于鳜鱼单养池中，主要发生于鱼种和成鱼养殖阶段，大多呈急性流行，发病率在 50% 左右，死亡率可达50% ~ 90% 。发病季节在广东省为 5 ~ 10 月，高峰期为 7 ~ 9 月。23 ~ 35℃ 是本病适合流行的水温，而 28 ~ 30℃ 是其最适流行水温；20℃ 以下时，鳜鱼一般不发病。

【症状】 病鱼上、下颌及口腔周围、鳃盖、鳍条基部、尾柄处充血，鳃颜色苍白，贫血；有的病鱼眼球突出，有蛀鳍现象。剖检可见肝脏、肾脏、脾脏上有出血点，肝脏肿大坏死，胆囊肿大。

【诊断】 根据症状及流行情况进行初步诊断，确诊需用电镜观察、荧光抗体试验或 PCR 技术。

【防治方法】

1） 目前尚未找到防治本病的特效药，只能加强综合措施，以防为主。

2） 加强综合防治措施，定期消毒，严格执行检疫制度，对检测呈病毒阳性的鱼要及时淘汰处理。

3） 改变养殖模式，尽量采用混养模式。

4） 用细胞灭活疫苗可以有效地预防本病，保护率达 80% 以上。

十七、东方鲀白口病

【病原体】 红鳍东方鲀吻唇溃烂病毒。

【流行情况】 本病于 1982 年在日本首先发现。适宜的发病水温为 25℃左右，高水温期一旦发病，感染率和死亡率都很高。我国山东、浙江等地区养殖的东方鲀曾发现有此病征。据有关资料介绍，白口病病毒可经水传播，养殖池或网箱中鱼互相撕咬也是传播途径之一。

【症状】 病鱼首先口部发黑，然后变成溃疡状白化，继而上、下颌的齿槽露出，呈“烂嘴”状；内部表现为肝脏瘀血及有线状出血痕，重症者表现出特异的狂乱游动行为。

【诊断】 根据症状及流行情况进行初步诊断，确诊需进行病毒分离

鉴定。

【防治方法】 本病尚无特效治疗方法。预防措施主要有如下方法。

1）防止将病鱼和带病毒鱼带入渔场和池塘。

2）杜绝健康鱼和病鱼或带病毒鱼之间的直接接触。

3）养殖群体中发现有行为异常或相互撕咬的个体，应及时捞出隔离。

4）适宜的放养密度，对带病毒可能性较大的幼鱼和1龄鱼进行隔离饲养，培育抗病品种等。

十八、病毒性神经坏死病

【病原体】 诺达病毒。

【流行情况】 此病毒于1989年发现，1990年首次报道。最初除美洲和非洲外，几乎在世界所有地区的海水鱼类中流行发病，对仔鱼和幼鱼危害很大，发病急，死亡率高，且近年受感染鱼的种类和危害程度迅速增加。本病主要影响苗种生产期的仔鱼和幼鱼，严重者可在1周内死亡率达100%。

【症状】 病鱼表现为厌食，上浮于水面，以螺旋状或旋转游动，或腹部朝上漂浮于水面，难以下沉，病鱼腹部肿大，有的鳔肿大充血，外观无其他明显病变。

【诊断】 根据症状及流行情况进行初步诊断，确诊需用病毒分离和中和试验。

【防治方法】 尚无有效的药物治疗，只能以预防为主。可对育苗池水用紫外线进行消毒，或者使用国标渔药中的板蓝根末、七味板蓝根散等药物进行预防。

十九、鰤病毒性腹水病

【病原体】 诺达病毒。

【流行情况】 本病于20世纪70年代中期在日本的西部地区发现。1985年，反町原从发病的鰤中分离到诺达病毒。主要危害鰤幼鱼，体重小于10克的幼鱼对本病毒敏感。本病的流行季节是5～7月在水温为18～22℃时；可侵染黄条鰤、三线矶鲈、牙鲆等海水鱼类。

【症状】 幼鱼发病后体色变黑，腹部膨胀，眼球突出，鳃褪色呈贫血状。解剖病鱼，可见腹腔内有积水，肝脏和幽门垂周围有点状出血；牙鲆稚鱼则头部发红、出血。

【诊断】 根据症状及流行情况进行初步诊断。用虹鳟性腺细胞系（RTG-2）等易感细胞进行病毒分离，以中和试验鉴定分离病毒。

【防治方法】 尚无有效的药物治疗。

提示

对于病毒性疾病，无特异性治疗方法，要做到提前预防。病程较长的病毒性疾病，在发病早期即介入治疗会有一定的效果。一般采用的方法为减少投饲量、稳定水质、防止继发细菌性感染、添加调节鱼体代谢的药物。疫苗是预防病毒性疾病的有效方法，但是，对于某些病毒性疾病，目前缺少相关产品。

第二节 细菌性鱼病

由细菌感染养殖鱼类而发生生理变化、甚至引起死亡的疾病叫鱼类细菌病。鱼类细菌性疾病的种类很多，危害严重的主要是由革兰氏阴性杆菌引起的疾病，成为鱼类养殖业中主要的病害之一，也是损失最严重的一类鱼类病害，能造成池塘养殖鱼类100%的死亡。

细菌性鱼病

一、细菌性烂鳃病

【病原体】 柱状黄杆菌（曾用名：鱼害黏球菌、柱状嗜纤维菌、柱状曲绕杆菌、嗜纤维黏细菌）。

【流行情况】 本病在水温15℃以上时开始流行，在15～30℃范围内，水温越高越易暴发流行，致死时间也越短，4～10月为其流行季节，以7～9月发病最为严重。据报道，水的硬度越高，菌在水中的存活期越长。本病是最重要的常见病多发病之一，主要危害草鱼和青鱼，从鱼种至成鱼均可受害，发病草鱼死亡率可达80%以上；危害草鱼、青鱼、鲢鱼、鳙鱼、鳜鱼、鳗鱼、鲤鱼、鲫鱼和加州鲈等多种淡水鱼，从种鱼到成鱼均可受害，水温越高越易暴发流行，常引起大量死亡。水中病原菌的含量越高、鱼的密度越大、鱼的抵抗力越弱、水质越差，则越易暴发流行。

【症状】 病鱼体色发黑，尤其头部最为严重，所以渔民又称本病为“乌头瘟”；病鱼离群独游，行动缓慢，反应迟钝，不吃食，对外界刺激失去反应，呼吸困难；发病缓慢，病程较长者，鱼体消瘦。肉眼检查，有时

可见鳃盖内表面的皮肤充血、发炎，中间部分常腐烂呈一圆形或不规则形的透明小窗，俗称“开天窗”（彩图6）。病鱼鳃丝上黏液增多，鳃丝肿胀，鳃的某些部位因局部缺血而呈浅红色或灰白色；有的部位则因局部瘀血而呈紫红色，末端腐烂，软骨外露，鳃上带有黏液和污泥（彩图7）。

【诊断】

1）用肉眼观察，鱼体发黑，鳃丝肿胀，黏液增多，鳃丝末端骨骼外露；再用显微镜观察，鳃上又无大量寄生虫或真菌寄生，即可初步诊断。

2）用剪刀剪下病灶处的鳃丝放在载玻片上，加1～2滴清水，盖上玻片，旋转20～30分钟，在10×40倍显微镜下可见有大量细长、滑行的杆菌，有些菌体聚集成柱状，即可确诊。

【防治方法】

（1）预防　鱼池用生石灰或漂白粉彻底清塘消毒；加强饲养管理，保持优良水质；发病季节定期用漂白粉或二氯异氰尿酸钠挂篓，或用辣蓼粉、乌桕叶等药饵投喂，尤其是食场周围；养殖池施肥时，不要直接施用未经发酵的草食动物粪便。

（2）治疗

1）外用药，任用下列一种。

① 用漂白精（含有效氯60%）全池泼洒，使池水达0.4～0.5克/米^3。

② 用二氯异氰尿酸钠全池泼洒，使池水达0.6克/米^3。

③ 用二溴海因或溴海因全池泼洒，使池水达0.2～0.3克/米^3，病重时隔2天再全池泼洒1次。

④ 用五倍子全池泼洒（五倍子要先磨碎，用开水浸泡1～2小时），使池水达2～4克/米^3。

⑤ 用5克/米^{3}光合细菌全池泼洒，兼有预防、治疗及改善水质的作用。

2）内服药，在遍洒外用药的同时，选用下列任一种内服药投喂，则疗效更好。

① 内服药用庆大霉素（含500万～1 000万单位）拌饵投喂，连服3～6天，用量为5～10克/千克。

② 每100千克鱼每天用250克鱼服康A型拌饲投喂，连喂3～6天。

③ 大黄用其重20倍的0.3%的氨水浸泡后，连水带渣全池遍洒，剂量为2.5～3.7克/米^3（按大黄重量计）。

④ 每千克鱼每天用复方新诺明100～200毫克，或者磺胺嘧啶200毫克，制成药饵，连喂3～6天，第一天用量加倍。

⑤ 每100千克鱼重用干穿心莲0.5千克，水煮2小时，拌饲料投喂，连喂3～5天。

【鉴别诊断】>>>>

细菌性烂鳃病应与鳃霉病、寄生虫性烂鳃病相区别，三者在发病早期外观症状较为相似，但发病晚期容易区别，应注意鉴别诊断。患病晚期，细菌性烂鳃病的鳃盖内表皮发炎充血，中间部分腐烂呈现“开天窗”状，其余两者无；如无“开天窗”或处于发病早期，还需借助显微镜加以鉴别。若鳃丝腐烂发白带黄色，尖端软骨外露，并沾有污泥或黏液，镜检见有大量细长、滑行的杆菌，酶联免疫吸附测定呈阳性反应，则为细菌性烂鳃病；若鳃片颜色比正常鱼的白，并略带有红色小点，镜检可见病原体的菌丝进入鳃小片组织或血管和软骨中生长，则为鳃霉病；镜检中如寄生虫数量较多，则为寄生虫性烂鳃病。

二、淡水鱼类暴发性败血症

【病原体】 根据目前的研究，本病的病原体有嗜水气单胞菌、温和气单胞菌、豚鼠气单胞菌、鲁克氏耶尔森氏菌等。

【流行情况】 本病在我国养鱼历史上是危害鱼的种类最多、危害鱼的年龄范围最长、流行养殖水域最广、造成损失最大的一种急性传染病。在江苏、上海、浙江、安徽、广东、广西、福建、江西、湖南、湖北、河南、河北、北京、天津、四川、陕西、山西、云南、内蒙古、山东、辽宁、吉林等省、直辖市、自治区广泛流行。主要危害鲫鱼、鳊鱼、团头鲂、鲢鱼、鲮鱼、鳙鱼等，池塘、湖泊、水库、网箱等水域养殖均可发生本病。在江苏南部及上海地区从2月底至12月初，水温10～36℃均有流行，其中以水温持续在25℃以上时最为严重。从2月龄的鱼种至成鱼均可受到危害，严重发病的养鱼场发病率高达100%，死亡率达95%以上，尤其是在放养密度过大、鱼池池水水质恶化、溶氧量低、有害物质多，鱼的抵抗能力下降时，更容易暴发本病。

【症状】 早期急性感染时，病鱼的上下颌、口腔、鳃盖、眼睛、鳍基轻度充血，严重时鱼的体表严重充血甚至出血，眼眶周围也充血，尤以鲢、鳙为甚，鳃丝苍白等；随着病情的发展，体表各部位充血症状加

剧，眼球突出，腹部膨大，肛门红肿。解剖病鱼，可见鳃灰白，有时呈紫色，严重时鳃丝末端腐烂；腹腔内积有浅黄色透明或红色混浊腹水，肝脏、脾脏、肾脏肿大，脾脏呈紫黑色，胆囊肿大，肠系膜、腹膜及肠壁充血，肠管内无食物，肠内积水或有气，有的鳞片竖起。病鱼有时突然发生死亡，外观上看不出明显症状，是由于这些鱼的体质弱，病原菌侵入的数量多、毒力强所引起的超急性病例。病情严重的鱼厌食或不吃食，静止不动或发生阵发性乱游、乱窜，有的在池边摩擦，最后衰竭死亡。

淡水鱼类暴发性败血症

【诊断】

1）根据症状及流行情况做出初步诊断。

2）镜检。取病灶样在10×100倍显微镜下观察鉴定是否为嗜水气单胞菌，确诊依据为：革兰氏阴性短杆菌，菌体非常直，两端钝圆。

3）根据病理变化可进一步诊断。

【防治方法】

（1）预防

1）彻底清塘。

2）严禁近亲繁殖，提倡就地培育健壮鱼种。

3）鱼种下池前用嗜水气单胞菌疫苗（中国水产科学研究院珠江水产研究所鱼病室研制）浸泡10～30分钟，可减少发病，保护期为1年以上，可帮助鱼种安全度过高温季节。

4）加强饲养管理，多投喂天然饲料及优质饲料，正确掌握投饲量，提倡少量多次的投喂方法。

5）在本病流行季节的5月底至8月底，每月使用1次生石灰（每亩水面1.5米水深用15千克），6～8月每月使用氯制剂等水体消毒剂（依有效氯含量及使用说明）全池消毒1次。

6）发病鱼池用过的工具，要进行消毒，病死鱼要及时捞出深埋，不能到处乱扔。

7）放养密度及搭配比例应根据当地条件、技术水平和防病能力而定。

8）加强巡塘工作，每月对鱼进行抽样检查2次。

（2）治疗

1）外用漂白粉全池遍洒，使池水为0.3克/米^3，杀灭鱼体外细菌。

内服恩诺沙星等喹诺酮类药物，用量为每千克鱼用20毫克拌饲投喂，每天1次，连喂5天。

2）按每千克鱼用氟苯尼考10毫克拌入饲料中投喂，连用3~5天。

3）每亩水深1米用贯众1500克，切片，加开水5~7千克，浸泡12小时，再加明矾500克、生石灰30千克化浆兑水全池泼洒。

4）治疗后10天左右，全池遍洒生石灰1次，以调节水质。

提示

如有大量寄生虫寄生时，应先杀虫后杀菌。

三、赤皮病

【病原体】 荧光假单胞菌。

【流行情况】 赤皮病又称出血性腐败病、赤皮瘟、擦皮瘟等，是草鱼、青鱼的主要疾病之一。传染源是被荧光假单胞菌污染的水体、用具及带菌鱼。荧光假单胞菌是条件致病菌，鱼的体表完整无损时，病原体无法侵入鱼的皮肤；只有鱼体受机械损伤或冻伤，或被体表寄生虫损伤时，病菌才能乘虚而入，引起发病。草鱼、青鱼、鲤鱼、鲫鱼、团头鲂等多种淡水鱼均可患本病，多发生于2~3龄大鱼，当年鱼种也可发生，常与肠炎病、烂鳃病同时发生形成并发症。在我国各养鱼地区，一年四季都有流行，尤其在捕捞、运输后，以及北方地区越冬之后，本病最易暴发流行。

【症状】 病鱼体表局部或大部出血发炎，鳞片脱落，特别是以鱼体两侧和腹部最为明显，好似被擦伤，故又称为擦皮瘟或赤皮瘟（彩图8）；鳍的基部或整个鳍充血，严重的全部鳍基充血、发炎，鳍条末端腐坏，鳍梢部常烂去一段，鳍间的组织被严重破坏，使鳍条呈扫帚状，称为“蛀鳍”；鳞片脱落处或鳍条腐烂处常有水霉寄生而加重病情。病鱼行动迟缓，离群独游，不久即死去。

【诊断】 根据病鱼症状及流行情况进行初诊，确诊需在显微镜下观察菌体并鉴定。

【防治方法】

(1) 预防 放养、捕捞时，尽量避免鱼体受伤；其他预防措施与细菌性烂鳃病相同。

（2）治疗

1）鱼种放养前，可用5～8克/米^{3}漂白粉浸浴鱼体20～30分钟，以鱼能耐受为限。

2）内服药常用磺胺嘧啶，按每100千克鱼重，用药35克制成药饵或拌入饵料，分6天投喂，其中第一天用药量应加倍。

3）用漂白粉1克/米^{3}全池泼洒，连用2天，或用二氯异氰尿酸钠0.3～0.5克/米^{3}全池泼洒，或用五倍子2～4克/米^{3}全池泼洒。

四、细菌性肠炎

【病原体】 肠型点状气单胞菌、豚鼠气单胞菌等。

【流行情况】 本病是养殖鱼中最严重的疾病之一，我国各养殖地区均有发生。主要危害草鱼、青鱼、加州鲈、月鳢、罗非鱼，鲤鱼也有少量发生。草鱼、青鱼从鱼苗至成鱼都可受害，死亡率在50%左右，发病严重的鱼池死亡率高达90%以上。流行时间为4～10月，常表现为2个流行高峰，1龄以上的草鱼、青鱼发病多在5～6月，甚至提前到4月，当年草鱼种大多在7～9月发病。水温在18℃以上开始流行，流行高峰在水温25～30℃时，全国各养鱼地区均有发生。本病常和细菌性烂鳃病、赤皮病并发，俗称“草鱼三病”。

肠型点状气单胞菌在水体及池底淤泥中大量存在，在健康鱼体的肠道中也非常常见。当鱼处在良好环境条件下且体质健壮时，虽然肠道中有此菌存在，但若数量不多，不是优势菌，且在心脏、肝脏、脾脏中无菌状况下并不发病；当条件恶化，水质污浊，溶氧量低，氨氮含量高，饲料变质，吃食不均，鱼体受机械损伤或冻伤，或被体表寄生虫损伤，鱼体抵抗力下降等都可以引起菌在肠内大量繁殖，就可导致疾病暴发。病原体随病鱼及带菌鱼的粪便排入水中，污染饲料，经口感染。

【症状】 病鱼体色发黑，头部尤其乌黑；离群独游，反应迟钝，食欲减退以至完全不吃食。病情严重时，腹部膨大，两侧常有红斑，成为明显的“蛀鳍”；肛门红肿突出，呈紫红色（彩图9），轻压腹部或将病鱼的头部提起，有黄色黏液和血脓从肛门流出。剖开腹部，可见腹腔积水，肠壁充血发炎，肠管呈红色或紫红色（彩图10），肠内无食，有黄色黏液；肝脏也常有红色斑点瘀血。

【诊断】 根据症状可做出初步诊断。取病鱼的肝脏、脾脏、肾脏、心血接种在培养基上，如长出黄色菌落，则可确认为本病。

【防治方法】

（1）预防

1）彻底清塘消毒，实行“四消”“四定”等预防措施。

2）鱼种放养前用含量为10克/米^{3}的漂白粉溶液浸浴15～20分钟。

3）发病季节定期投喂药饲和用含氯消毒剂全池遍洒（参照治疗方法）。

（2）治疗（内外结合方法，外消内服）

1）用二氯异氰尿酸钠全池泼洒，使池水为0.5克/米^3。

2）用三氯异氰尿酸全池泼洒，使池水为0.3克/米^3。

3）每100千克鱼重用大蒜头500克（捣烂），加食盐400克拌在10千克饲料中投喂，连喂3～6天。

4）蛇莓，每100千克鱼用鲜蛇莓1千克加水煮30分钟，将汁拌入饲料中投喂，连喂3～6天。

5）每千克饲料用复方新诺明3克，制成药饵，连喂3～6天，首次用量加倍。

6）每100千克鱼用干地锦草250克或鲜地锦草2千克，水煮30分钟，将药液拌入饲料内投喂，每天1次，连喂3～6天。

7）每100千克鱼用干马齿苋草500克或鲜马齿苋2千克，水煮或粉碎拌入饲料中投喂，连喂3～4天。

五、竖鳞病

【病原体】　水型点状假单胞菌。

【流行情况】　竖鳞病又称鳞立病、松鳞病、松球病等，是金鱼、鲫鱼、鲤鱼及各种热带鱼的一种常见病。我国南方饲养的草鱼、鲢鱼、鳙鱼等有时也可发生这种病，从较大的鱼体至亲鱼均可感病。该菌是水中常有的细菌，是条件致病菌，当水质污浊，鱼体受机械损伤或冻伤，或被体表寄生虫损伤时，病菌乘虚而入，引起发病。在我国东北、华北、华东等养鱼地区常有发生，主要流行于静水养鱼池中，流水养鱼池中也可发生，但比较少见。本病主要有2个流行期：一是鲤鱼产卵期，二是鲤鱼越冬期，但一般以4月下旬至7月上旬水温17～22℃时为主要流行季节，有时越冬后期也有发生。死亡率一般在50%以上，发病严重的鱼池，甚至会100%的死亡，鲤鱼亲鱼死亡率也高达85%。本病流行主要与鱼体受伤、池水污染和鱼体抗病力下降有关。

【症状】　病鱼离群独游，游动缓慢，严重时呼吸困难，对外界刺激失去反应，身体失去平衡。病鱼局部或全部鳞片向外张开，如同松球，鳞片基部的鳞囊内积聚半透明或含血的渗出液，使鳞囊水肿、鳞片竖起，故又称鳞立病；若用手稍压鳞片，鳞囊中的液体即会喷出来。随着病情的发展，鳞片脱落。病鱼常伴有鳞基部、体表皮肤轻微充血，眼球突出，腹部膨胀等症状，皮肤、鳃、肾脏、肝脏、脾脏、肠组织都有不同程度的损伤，这样持续2~3天后即死亡。

【诊断】　根据上述症状即可初诊。通过显微镜检查后，若有大量短杆菌便可以诊断，但要注意与大量鱼波豆虫寄生引起的竖鳞病区别开来。

【防治方法】

1）在产卵、捕捞等操作中，应尽量小心，不要使鱼体受伤。

2）口服磺胺二甲氧嘧啶，每100千克鱼每天用10~20克，混入饲料投喂，连喂4~5天。

3）每20千克水中，加入捣烂的大蒜100克，浸浴病鱼10分钟，每天1次，连续2~3天。

4）亲鱼患病可注射硫酸链霉素15~20毫克/千克体重；轻轻压破鳞囊的水肿泡，勿使鳞片脱落，用10%的温盐水擦洗，涂以碘酊，再肌内注射磺胺嘧啶钠2毫升，有明显效果。

六、打印病

【病原体】　嗜水气单胞菌、温和气单胞菌等革兰氏阴性菌。

【流行情况】　打印病又名腐皮病。病原是条件致病菌，当水质污浊，鱼体受机械损伤或冻伤，或被体表寄生虫损伤时通过接触感染发病。主要危害鲢鱼、鳙鱼，从鱼种至亲鱼均可感染，尤以亲鱼更易发病。发病严重的鱼池发病率最高达80%以上。病程较长，全国各地都有流行，一年四季都有发生，尤以夏秋两季最为常见。

【症状】　病灶部位主要发生在背鳍和腹鳍以后的躯干部分，尤其是在肛门上方或尾柄的两侧；亲鱼病灶部位不固定。初期症状是皮肤出现红斑，有时似脓包状，随着病情的发展，鳞片脱落，肌肉腐烂，直至烂穿，露出骨骼和内脏；病灶呈圆形或椭圆形，边缘充血发红，似打上一个红色的印章，故叫打印病；病鱼身体瘦弱，游动迟缓，食欲减退，最终衰竭死亡。

【诊断】　根据症状即可初诊，确诊需用细菌培养或荧光抗体法。

【防治方法】

（1）预防

1）用生石灰彻底清塘。在气温较高季节，经常加注新水，并保持池水清洁，可减少本病发生。

2）在发病季节，用漂白粉全池泼洒，使池水为1克/米^3；也可用含量为0.4克/米^{3}的三氯异氰尿酸全池泼洒。

（2）治疗

1）全池泼洒含氯消毒剂，用量见烂鳃病。

2）注射硫酸链霉素，每千克鱼注射10～20毫克。

3）亲鱼患病可用1%的高锰酸钾溶液洗病灶，然后在病灶处涂敷金霉素或四环素软膏。病情严重时则需肌内或腹腔注射硫酸链霉素，每千克鱼为20毫克。

七、白皮病

【病原体】 白皮假单胞菌。

【流行情况】 本病广泛流行于我国各地鱼苗、鱼种池，每年6～8月为流行季节，尤其在夏花分塘前后，因操作不慎碰伤鱼体或体表有大量车轮虫等原生动物寄生而损伤鱼体，病原菌乘虚而入，导致本病暴发流行。主要危害鲢鱼及鳙鱼，草鱼、加州鲈、月鳢和青鱼有时也可发病，死亡率高达50%以上；病程短，从发病到死亡只要2～3天。

【症状】 发病初期，病鱼背鳍下方或尾柄处发白，尾鳍末端也有些发白，并迅速蔓延扩大，致使自背鳍基部后面的体表全部呈现白色，俗称“白皮花腰”；接着臀鳍后方、尾柄基部皮肤腐烂，尾鳍残缺不全，整个鱼体前半部乌黑，后半部灰白，黑头白尾极为明显。病鱼行动迟缓，不久头部向下、尾部朝上，身体与水面垂直悬于水中，时而做挣扎状游泳，很快死去。

【诊断】 根据症状即可初诊。镜检有大量白皮假单胞菌可以确诊为白皮病。

【防治方法】

（1）预防

1）鱼池要彻底清塘消毒，发病季节要挂药篓或投药饵预防。

2）夏花应及时分塘，捕捞、运输、放养时，应尽量避免鱼体受伤，体表有寄生虫寄生时，要及时杀灭；保持鱼池水质清洁，不使用未发酵

的粪肥。

（2）治疗

1）在水体中全池泼洒漂白粉，使池水为10克/米^3。

2）发病时也可用中草药五倍子，磨碎后浸泡过夜全池泼洒，使池水为3克/米^3。

3）每千克鱼每天用磺胺二甲氧嘧啶100～200毫克拌饲投喂，连喂5～7天。

4）用韭盐合剂（民间配方），每亩水深1米用鲜韭菜2.0～2.5千克、食盐适量（约250克）混合捣烂与豆饼或其他饼类拌和投喂，每天1次，连喂3天。

八、白嘴白头病

【病原体】　一种黏细菌，但病原性质尚未完全查明。

【流行情况】　白嘴白头病是“四大家鱼”和鲤鱼夏花阶段最常见的严重鱼病之一，尤其对夏花草鱼危害最大，一般鱼苗饲养20天左右，如不及时分塘，就易暴发本病。如果水质不良，病原体大量滋生，鱼体长大后池中饲养密度过大，缺乏足够的适口饲料及鱼体抵抗力下降等，都可以引起本病的发生。本病是一种暴发性鱼病，发病快，来势猛，死亡率高，可达45%以上；发病严重的鱼池中野杂鱼也会因感染本病而死亡；流行于5～7月，一般从5月下旬开始，6月为发病高峰期，7月下旬以后少见。长江流域各养鱼区均有本病发生。

【症状】　开始发病时鱼的尾鳍末端有些发白，随着病情的发展，病鱼自吻端至眼球的一段皮肤溃烂，额部和嘴的周围色素消失，变成乳白色。由于大量致病菌的存在，使这些部位显出灰白色的茸毛状，隔水看去，头前端和嘴部发白。病鱼口唇肿胀，张闭失灵，呼吸困难，“浮头”，时而做挣扎状游泳，时而悬挂于水中，不久即死亡。

【诊断】　根据症状及流行情况进行初诊，或在池边观察水面游动的病鱼，明显可见白头白嘴的症状。确诊需用显微镜检查患处黏液，可见大量滑行的杆菌。在诊断时还必须注意与大量车轮虫寄生引起的白头白嘴的症状相区别。

【防治方法】

（1）预防　鱼苗放养的密度要适中，养殖期间要适时分塘；平时要加强池塘管理，保证鱼苗有充足的饲料和良好的环境。其他预防措施与细菌性烂鳃病的预防相似。

（2）治疗

1）发病初期可用 1 克/米^3 漂白粉全池泼洒，连用 2 天；也可用二氯异氰尿酸钠 0.3 克/米^3 全池泼洒。

2）每 100 千克鱼，每天用磺胺间甲氧嘧啶 5～10 克拌饲投喂，连喂 4～6 天，第一天剂量加倍。

3）用庆大霉素（含 500 万～1 000 万单位）拌饵投喂，连服 3～6 天，用量为 5～10 克/千克饲料。

4）大黄用其重 20 倍的 0.3% 的氨水浸泡后，连水带渣全池遍洒，用量为 2.5～3.7 克/米^3（按大黄重量计）。

5）用 2～4 克/米^3 五倍子或 2.5～3.7 毫克/千克大黄，按规定方法全池泼洒。

6）五爪龙（乌蔹莓）硼砂合剂。按每亩水面 2.5～3.0 千克五爪龙鲜草捣烂，拌入硼砂溶液，混合均匀后全池泼洒（五爪龙为 5～7 克/米^3，硼砂为 1.2～1.5 克/米^3），每天 1 次，连用 3 天，病情严重时连用 5 天。

九、鲤鱼白云病

【病原体】 病原菌为恶臭假单胞菌和荧光假单胞菌。

【流行情况】 鲤鱼白云病在 20 世纪 80 年代中期有较高的发病率，90 年代后发病率有所下降。本病主要发生于微流水、水质清瘦的网箱养鲤鱼和流水池塘集约化养鲤鱼中，流行季节为 5～6 月，且水温在 10～14℃时。水温升高到 20℃左右时，病情就可得到控制。越冬后的鲤鱼比较虚弱，易患本病；其他养殖鱼类虽同池同网箱饲养，但并不受感染。主要在东北、华北和西南地区流行。

【症状】 发病初期，病鱼体表出现小斑状白色黏稠物，容易被忽视。随后，黏稠物逐渐蔓延，形成一层白色薄膜，其中头部、背部、鳍条等处最为明显。病鱼食欲减退，离群独处，靠近网箱边缘缓慢游动，严重时出现“蛀鳍”、鳞片松动、皮肤溃烂等症状，最后陆续死亡。

【诊断】 根据症状及流行情况进行初诊，或在池边观察水面游动的病鱼，明显可见病鱼体表的白色薄膜症状。确诊需用显微镜检查患处黏液，可见大量滑行的杆菌。

【防治方法】

（1）预防

1）越冬前做好鱼种消毒工作，加强越冬前投喂，使鱼有足够的能量储备以越过漫长的冬季。

2）越冬后及时投喂，使用优质饵料，食量要充足，以使鱼尽快恢复健康，预防疾病发生。

3）发病季节，定期在网箱内外采用氯制剂挂篓或挂袋法，做好药物预防工作。

（2）治疗

1）发病初期可用10克/米^{3}漂白粉浸浴病鱼。

2）每千克鱼每天用磺胺类药物50～100毫克，拌饲投喂，连用4～6天，第一天剂量加倍。

3）每千克鱼每天用氟苯尼考10～20毫克，拌饲投喂，连用3～5天。

提示

水温上升到20℃以上时，本病可不治而愈，在没有流水的养鱼池中，很少发生或不发生本病。

十、疖疮病

【病原体】 疖疮型点状产气单胞菌。

【流行情况】 疖疮病主要危害青鱼、草鱼、团头鲂、鲤鱼等，偶尔可在鲢鱼、鳙鱼中发生，冷水性虹鳟鱼疖疮病在我国也有报道。我国各主要养殖场均有发病，但以长江中下游流域最为严重。本病无明显流行季节，一年四季均可发病；呈散在性发生，发病率和死亡率低，主要危害1龄以上的鱼。

【症状】 本病发病部位不定，但以靠近背部的部位较为常见。发病初期，鱼体背部皮肤和肌肉组织发炎、红肿，接着出现脓疮，有浮肿感，脓疮内充满血脓和大量细菌；病鱼鳍基常充血，轻度或严重“蛀鳍”。病情严重的鱼，肠道也充血、发炎，鳞片松动脱落，用手按或用刀切开，即有血脓流出，有时可见肌肉溃疡、坏死，自然溃破时，溃破处形似火山口。

【诊断】 根据症状、流行情况即可初步诊断，但要注意与黏孢子虫引起的体表隆起区别开。必须用显微镜压片检查，才能确诊。

【防治方法】

（1）预防

1）鱼种放养前，可用5~8克/$米^3$漂白粉浸浴鱼体20~30分钟，以鱼能耐受为限。

2）放养、捕捞时，尽量避免鱼体受伤；其他预防措施与细菌性烂鳃病相同。

（2）治疗

1）用1克/$米^3$漂白粉全池泼洒，连用2天，或用0.3~0.5克/$米^3$二氯异氰尿酸钠全池泼洒，或用2~4克/$米^3$五倍子全池泼洒。

2）内服药常用磺胺嘧啶，按每100千克鱼用药35克制成药饵或拌入饵料，分6天投喂，其中第一天用药量应加倍。

十一、罗非鱼溃烂病

【病原体】 国内外报道的病原有嗜水气单胞菌嗜水亚种、荧光假单胞菌、迟缓爱德华氏菌和链球菌等。

【流行情况】 罗非鱼溃烂病有两种类型。

（1）体表溃烂型 主要危害工厂化养殖和越冬加温养殖的罗非鱼，鱼种、成鱼和亲鱼均可发病。养殖密度大、水质污浊、溶氧量偏低、温差较大的鱼池容易发生本病，严重的感染率可达50%以上。从越冬开始，至来年4~5月，均可流行。

（2）肠炎型 主要危害罗非鱼种、幼鱼，100克以下的罗非鱼幼鱼常受其害，而以10克以下的罗非鱼鱼种最为严重。

【症状】

（1）体表溃烂型 主要表现为体表鳞片竖起，并逐渐脱落，病灶溃烂成炙红的斑块状凹陷，肌肉外露（彩图11）；严重时深入骨骼，溃烂成洞穴。患处无特定部位，可分布于头部、鳃盖、鳍条及躯干等各个部分，病灶多时可达数十个。解剖可见肝脏发生病变，由肉红色变成褐色，胆囊由浅绿透明变成墨绿色，体积可增大1倍。

（2）肠炎型 主要表现为肛门及肛门附近的皮肤发红，解剖可见肠也发红，但症状较轻。

【诊断】 根据症状和病理变化及流行情况可初步诊断，若从病灶部位分离到病原菌或镜检观察到病原菌即可确诊。

【防治方法】

1）越冬池要清洗后彻底消毒。

2）罗非鱼进入越冬池前用3%～4%的食盐溶液浸浴5～10分钟。

3）加强越冬管理，定期泼洒石灰乳，浓度为15～20克/米^3，保持水质微碱性，水温控制在20℃左右，投饲宜少而精，注意经常换水，保持水质良好。

4）发病时可用漂白粉、二氯异氰尿酸钠等全池泼洒，使池水为0.3～0.4克/米^3。

5）用复方新诺明拌饲投喂，每千克饲料添加1.0～1.5克，连喂3～5天，首次用量加倍。

十二、乌鳢诺卡氏菌病

【病原体】 诺卡氏菌。

【流行情况】 首次发现是在1997年乌鳢养殖规模较大的山东省济宁市微山县鲁桥镇。从1997年至今，本病连续在山东省各地乌鳢养殖池塘发生，流行季节为6～9月，水温在23℃以上时，主要危害商品鱼养殖池塘。发病池塘乌鳢死亡率为20%～30%，严重时可达50%以上。由于患病乌鳢的眼球周围和肠道内外壁、肝脏、脾脏、肾脏等器官长满黄豆大小的黄色脓包，所以又称为“乌鳢脓包病”。

【症状】 患病乌鳢表现为腹部肿大，腹部表皮有时充血、出血。个别病鱼眼部出现肿块，呈堆积的小瘤状，角膜混浊，有炎性细胞浸润，浆液纤维素渗出。剖检病鱼可见肝脏、肾脏、脾脏、肠长满黄豆大小的黄色瘤状脓包，针刺有浅黄色脓液流出；胆囊肿大，壁变薄，胆汁稀薄，色浅。

乌鳢诺卡氏菌病

【诊断】 根据症状和病理变化及流行情况可初步诊断，若从病灶部位分离到病原菌或镜检观察到病原菌即可确诊。

【防治方法】

1）鱼种入塘前要彻底清塘，挖出过多淤泥。

2）降低鱼种放养密度，冷冻小杂鱼作为饵料投喂前要消毒。

3）鱼病流行季节，定期泼洒生石灰，既可预防疾病，又能改良水质。

4）从药敏试验结果来看，致病菌对青霉素较敏感。发病池塘可用青霉素拌饲投喂，使用量为每100千克鱼2～3克。

十三、体表溃疡病

【病原体】 病原是嗜水气单胞菌嗜水亚种和温和气单胞菌。

【流行情况】 体表溃疡病是高密度单养鱼类中常见的一种疾病，多发生于一些名优鱼类，已发现患本病的鱼类有罗非鱼、加州鲈、乌鳢、斑鳢、露斯塔野鲮及泥鳅等。鲤鱼和鲫鱼鱼种高密度养殖时也有发病，可导致大批死亡。本病在春季4月中、下旬，水温15℃时可发生，5～6月水温高、水质差、水温变化大的养殖池容易发病；此外扦捕后、长途运输、越冬后及发生寄生虫病的鱼，因外伤也容易发生本病。

【症状】 发病初期，病鱼体表出现数目不等的斑块状出血，血斑周围鳞片松动；之后，病灶部位鳞片脱落，表皮发炎、溃烂（彩图12），周边充血。随着病情发展，病灶扩大，并向深层溃烂，露出肌肉，有出血或脓状渗出物，严重时肌肉溃疡腐烂露出骨骼和内脏，最后死亡。本病与打印病症状差别在于病灶形状不规则，无特定的部位，头部、鳃盖、躯干各处均可发生，而且通常有多个甚至几十个病灶。

【诊断】 根据症状和病理变化及流行情况可初步诊断，若从病灶部位分离到病原菌或镜检观察到病原菌即可确诊。

【防治方法】

1）鱼池必须清塘消毒，放养密度要适当。

2）鱼种放养前应用4%的食盐溶液浸浴5～10分钟或用2%的食盐和3%的小苏打混合液浸浴10分钟。

3）坚持经常换水，保持水质清新。发病季节每半月泼洒1次生石灰（每立方米水体20克左右）。

4）治疗方法同赤皮病。

十四、纤维黏细菌腐皮病

【病原体】 病原是柱纤维黏细菌，曾名柱状屈挠杆菌。

【流行情况】 纤维黏细菌腐皮病为斑点叉尾鮰、大口鲇、胡子鲇和黄鳝等无鳞鱼种的常见病，主要危害成鱼和亲鱼，养殖水质环境恶化时容易发生；发病季节为春、夏、秋三季，水温在15℃以上即可发生，20～30℃时为流行高峰期，通常呈散在性流行；一旦发生，池塘中的发病率可在50%左右。由于本病病程较长，故急性大批死亡情况较少出现，但病鱼食欲减退，影响生长，并可影响性腺发育。

【症状】　发病初期，病鱼感染部位出现灰白色斑块，随之斑块下皮肤坏死、充血；随着病情的发展，病灶逐渐扩大，彼此连成一片，形状不规则；最后，皮肤大面积腐烂，露出肌肉，出现肌肉坏死现象，部分病鱼出现“蛀鳍”。

【诊断】　根据症状和病理变化及流行情况可初步诊断，若从病灶部位分离到病原菌或镜检观察到病原菌即可确诊。

【防治方法】

（1）预防　同体表溃疡病。

（2）治疗

1）大黄按每立方米水体2.5～3.7克计算称量，然后，按每千克大黄用20千克0.3%的氨水（含氨量为25%）在常温下浸泡12～24小时，药液和药渣兑水后全池遍洒。

2）大黄和硫酸铜合剂。大黄每立方米水体1.0～1.5克，配制方法同上；硫酸铜每立方米水体0.5克，全池泼洒。

3）五倍子。按每立方米水体2～4克全池遍洒。

4）二氯异氰尿酸钠或三氯异氰尿酸全池遍洒。

5）亲鱼可在病灶处涂抹红霉素软膏或注射庆大霉素（每千克体重1万国际单位）。

十五、斑点叉尾鮰肠道败血病

【病原体】　爱德华氏菌。

【流行情况】　目前仅见于斑点叉尾鮰，从引进此鱼后，本病即已出现。在国外，这是鮰鱼养殖中危害最严重的细菌病之一，各种规格大小的鮰鱼均可患本病，而以鱼种发病最为常见。我国广东、湖北、湖南、四川、河南、河北及重庆市均已发现，发病率在30%左右。

本病的发生与温度关系十分密切，水温在22～28℃时为流行季节，25～28℃为发病高峰期，当温度高于30℃时，病情明显缓解。投喂变质饲料也是本病发生的重要诱因之一。

【症状】　病鱼游动缓慢，有时头朝上、尾朝下呈垂直漂浮状态；腹部肿胀，有浅色小血斑，突眼，大部分成鱼和亲鱼头顶部出现一隆起瘤状物，溃破后，露出头骨，甚至形成“头洞”，鳃丝严重贫血。剖检可见腹腔内含腹水，全肠充血，肝脏、肾脏肿大并呈暗红色（或有血斑），严重时肝脏溃疡出现蜂窝状空洞，鳔外壁布有血丝。

【诊断】 根据症状和病理变化及流行情况可初步诊断，若从病灶部位分离到病原菌或镜检观察到病原菌即可确诊。

【防治方法】

1）严格掌握饵料的新鲜度，现做现投喂，不喂隔夜和变质的饲料。

2）在病鱼池中泼洒三氯异氰尿酸等含氯消毒剂，同时每千克鱼内服氟苯尼考30毫克；或每千克鱼用盐酸环丙沙星10～15毫克（《无公害渔药使用规则》中禁用），每天1次，5～7天为1个疗程。

十六、黄鳝旋转病

【病原体】 由于多数病鳝肠道内有棘头虫或线虫寄生，故曾被怀疑为寄生虫毒性所致。最近已经从病鳝脑中分离到细菌，并可重复症状，病原菌尚有待鉴定。

【流行情况】 黄鳝旋转病是近年来随着黄鳝养殖的兴起出现的新病，流行于浙江、湖北、江苏、江西、山东等省份，发病后有较高死亡率。通常发生在密养、多腐草、水质恶化的鳝池中，发病季节在春末夏初。但目前对本病的研究尚未深入。

【症状】 病鳝头部扭曲，随之鱼体顺着头部扭曲方向卷曲，鱼体比较僵硬，用手触动，体部可以短暂伸直，但很快就又恢复卷曲状态，头部和尾部断续出现痉挛现象，2～3天后死亡。剖检内脏，除肠内空无食物，或轻度充血外，其他部位无明显异样情况。

【诊断】 根据症状和病理变化及流行情况可初步诊断，若从病灶部位分离到病原菌或镜检观察到病原菌即可确诊。

【防治方法】 本病尚无治疗方法，所以应树立"以防为主，防重于治"的思想。鳝池必须注意清洁，经常换注新水，及时捞出腐草，每立方米水体定期泼洒生石灰20克或漂白粉1克等消毒。

十七、鳗赤鳍病

【病原体】 嗜水气单胞菌。

【流行情况】 鳗赤鳍病是养鳗场中常见的流行病，特别是露天鳗池发病最多，可以形成急性流行，发病鳗池死亡率较高。本病多发生于水温在20℃以下的春秋两季，尤以梅雨期为甚，水温较高的夏季较少流行。饥饱不匀，特别是饵料不足，长期处在饥饿状态下的鳗鱼突然暴食，更容易诱发本病。

【症状】 病鳗胸鳍、臀鳍和尾鳍充血，腹部、头部腹面有出血斑，

肛门红肿，严重时腹部全部充血、红肿，背鳍也可充血。剖腹可见肝脏、脾脏肿胀、瘀血，呈暗红色，肾脏肿大、瘀血，胃、肠发炎充血，内充有黏性脓汁。鳗白仔到黑仔阶段发病时，除各鳍充血外，鱼体相对比较僵硬。

【诊断】 根据症状和病理变化及流行情况可初步诊断，若从病灶部位分离到病原菌或镜检观察到病原菌即可确诊。

【防治方法】

1）保持水质清新，喂食均匀，勿过饱过饥，避免鱼体受伤。

2）内服复方新诺明药饵，每千克饲料中加入复方新诺明 1～2 克，连喂 3～5 天。

3）发病池可用含氯消毒剂全池遍洒后，内服甲氧苄氨嘧啶和磺胺嘧啶合剂（1∶5），每吨鳗用 50～60 克混饲投喂，每天 1 次，连续 3 天。

十八、鳗爱德华氏菌病

【病原体】 病原有迟缓爱德华氏菌和福建爱德华氏菌两种。

【流行情况】 爱德华氏菌病是我国养鳗业中危害比较严重的常见疾病之一，国内大多养鳗场均曾发生过本病。无论是鳗白仔、黑仔或是成鳗均可发生，幼鳗发病死亡率可达 50% 左右，成鳗死亡率在5%～10%。本病在温室养鳗中，一年四季均可发生；露天养鳗池则以夏季为流行盛期；白仔鳗在饲料（如水蚯蚓）诱食后约 1 周，很容易造成急性流行。本病发生后，易继发赤鳍病。

【症状】 本病按其病灶所在的主要位置可分为肝脏型和肾脏型两种，间或也有肝肾混合型的。

（1）肝脏型 病鱼的前腹部（即肝脏区）肿大、充血，腹壁肌肉坏死从而导致体表软化；严重时，腹壁肌肉坏死、溃烂甚至穿孔（彩图 13），所以从外面可以看见肝脏；通常臀鳍充血。剖腹观察可见肝脏明显肿大，有一到数个大小不等的溃疡病灶，内充满脓液。

（2）肾脏型 病鱼表现为肛门红肿，红肿部位肌肉坏死，皮肤、鳍条充血，挤压腹部，有脓血流出。剖腹观察可见脾脏、肾脏肿胀，有小脓疡病灶。

（3）肝肾混合型 同时呈现上述两种症状。

【诊断】 根据症状和病理变化及流行情况可初步诊断，若从病灶部位分离到病原菌或镜检观察到病原菌即可确诊。

【防治方法】 预防方法与其他细菌性鱼病相同。白仔鳗投喂水蚯蚓时，应经过清洗，最好浸浴消毒后再投喂。

发病鳗池应立即用含氯消毒剂遍洒，然后可选择下列药物内服。

1）复方新诺明，每吨鳗第一天用量200克，第二至五天减半；或甲氧苄氨嘧啶和磺胺嘧啶合剂（1:5比例），每吨鳗50～60克，每天1次，连用3天。

2）四环素。每吨鳗100克，每天1次，连用5天。

十九、黄颡鱼爱德华氏菌病

黄颡鱼爱德华氏菌病又叫一点红病、裂头病、头肿病，为近年来黄颡鱼养殖过程中的常见疾病。

【病原体】 爱德华氏菌。病原体经鼻腔感染嗅觉细胞，再进入大脑，经脑膜感染头骨。

【流行情况】 从苗种到成鱼均会患病。1～3龄之间的鱼发病较多，尤其是2龄鱼发病率较高。水温在18～30℃时发病，25～28℃时发病较严重，因此每年的6～9月为发病高峰期；温度降低时，病情可不治而愈。本病病程比较长，累计死亡率比较高。池塘水环境突变如倒藻，或水质恶化如pH降低、氨氮含量增多、亚硝酸盐含量偏高、溶氧量低，水体混浊等也容易发病。另外，饲料营养、刮伤、抢食、机械损伤都可能诱发本病。

【症状】 发病鱼头顶部红肿、溃烂（彩图14），直至将头盖骨蛀空，形成一个狭长空洞，严重的还有鱼鳍发红、内脏有少量腹水的症状；另外病鱼会在水面呈头上、尾下状缓慢转动。解剖可见腹腔有浅黄色透明状液体，个别出现溶血现象；肝脏呈土黄色无光泽，有出血点或出血斑；脾脏和肾脏肿大、充血；胃膨大，胃壁充血较重，个别有胃积水现象；肠道壁发红，肠黏膜脱落，剪开肠道可见黄色浓汁状液体。本病发生时，常见病鱼鳃丝上寄生大量车轮虫、三代虫等。

【诊断】 根据症状和病理变化及流行情况可初步诊断，若从病灶部位分离到病原菌或镜检观察到病原菌即可确诊。

【防治方法】

（1）预防

1）控制黄颡鱼的放养密度在2 500～3 000尾/亩；选择适宜的池塘面积和水深，一般主养池塘面积为3～5亩或10亩以下，水深以1.5～

2.0 米较为理想。

2）黄颡鱼对低氧环境的耐受性比其他鱼差，放养密度较高的池塘应设增氧机防止鱼缺氧“浮头”，增氧机功率平均每亩为 1.5 千瓦。

3）定期调水，保持优良水质。定期使用水质改良剂、微生物制剂，保持水质稳定。

4）定期消毒杀虫。定期往塘内泼洒消毒剂，消灭塘内隐藏的病菌，使用硫酸铜杀灭寄生虫。

（2）治疗　由于发病起源于脑内感染，所以要选择一些能透过血脑屏障的药物，如氟苯尼考、磺胺类药物都是一些比较好的选择，同时进行外用消毒，比较好的有二氧化氯、聚维酮碘等。

提示

在疾病流行季节，病鱼出现零星死亡时，尽早内服抗菌药能够控制本病。对于病程较长的池塘，要注意抗生素的使用疗程，及时更换抗菌药。

二十、链球菌病

链球菌是革兰氏阳性菌，对多种养殖鱼类有侵害作用，尤其是近年来，给罗非鱼产业带来重大损失。下面以罗非鱼链球菌病为例来说明。

【病原体】　无乳链球菌是养殖罗非鱼的主要病原。海豚链球菌也可以引起罗非鱼大量死亡，但危害程度不如无乳链球菌。

【流行情况】　本病在我国各地罗非鱼养殖区域都有发病案例，主要流行时间为 5～10 月的高温阶段，高峰期在 7～9 月，流行水温为 25～37℃，发病率达 20%～30%，且近年来呈上升趋势，发病鱼的死亡率可高达 60%～100%；在高水温季节时，病鱼死亡高峰期可持续 2～3 周。本病主要威胁 100 克以上的罗非鱼，但近些年发现 100 克以下的鱼苗都常有本病发生。在低水温季节，本病也可呈慢性经过，死亡率较低，但持续时间长。

【症状】　不同种类的链球菌引起的临床特性无显著差别。由于链球菌可以侵害病鱼的中枢神经系统，故临床上表现为病鱼游泳异常、昏沉，常在塘边、水面无方向性地缓慢游动，有时身体屈曲。病鱼常呈现眼部症状，如眼睛巩膜白浊（单侧或双侧）、眼球突出（彩图 15）及出血等；有时在病鱼的两侧前颊上出现 2～3 毫米的干酪样坏死灶病变，随后坏死灶破裂形成溃疡；有时在腹鳍的基部出现较大（5毫米）的干酪样坏死，在尾鳍基部可能出现更大（10~20毫米）的坏死灶。身体表面出血，表现在口周围、鳍条基部的点状出血；有时在肛门或生殖孔周围呈现出血斑；有的病例产生大量腹水，引起肛门突出。剖检可见病鱼内脏呈现严重的败血症症状，胃和肠道空虚，肝脏、脾脏、肾脏、心脏、脑、眼和肠道大面积出血，脾脏和肾脏肿大。

【诊断】 根据症状和病理变化及流行情况可初步诊断。在实验室进行病原菌的分离和细菌学鉴定可以确定链球菌种类。

【防治方法】

（1）预防

1）减少投喂：当链球菌病暴发时，减少饵料的投喂可以降低病鱼的死亡率。原因可能是减少鱼体的进食量可以减少链球菌的感染机会。

2）降低饲养密度：当疾病发生、刚出现病鱼死亡时，应该降低饲养密度，减少应激因素和疾病传播的机会，有助于降低鱼群的死亡，减少损失。

3）充分供氧：开足供氧机，使鱼群得到充足的氧，在一定程度上可以减缓鱼群的死亡。

4）降低水温：高水温是造成鱼群应激和细菌繁殖的条件。所以，在可能的情况下降低水温有助于控制链球菌病的发生。小的鱼池可以在上面建遮阳棚，或者在夜间开足搅水机，能适当降低水温。

（2）治疗

1）每千克鱼每天用盐酸强力霉素50~70毫克，连续7天。

2）氟苯尼考在发病早期有良好的治疗作用，用量参考药品说明书。

提示

罗非鱼链球菌的典型症状为病鱼眼球突出（彩图15），要早发现、早治疗。治疗过程中适当减少饲料投喂量，一般为平常的1/2或1/3。保证内服抗菌药的剂量，配合水体消毒，有较好疗效。

二十一、弧菌病

【病原体】 鳗弧菌、创伤弧菌、溶藻弧菌等。

【流行情况】 鳗弧菌主要侵害鳗鲡，多数为条件致病，当鱼体受伤、养殖密度过大、水质不良或吃了腐败变质的食物、鱼抵抗力低下时

容易发生；主要是经皮肤感染，也可经口感染；一般发生在水温较高的夏秋季，春冬季较少发生，发病水温在28℃以上，水温25℃以下时较少发生。创伤弧菌和溶藻弧菌主要感染海水鱼类，鰤鱼的发病季节是在5月末至7月上旬的初夏和9～10月的初秋，水温为19～24℃时；真鲷的发病季节为6～9月25℃左右的高水温期和11月至来年3月15℃左右的低水温期；鲑鳟鱼类和大菱鲆的发病温度为10～16℃；鲆科、鲽科和鳗科鱼类的发病温度为15～16℃及以上。

【症状】　因感染鱼的种类不同而有差异。如鳗鲡患病，体表点状出血，躯干部皮肤发生糜烂；虹鳟患病时，体色发黑，鳃贫血，躯干部的皮下肌肉发生脓疡，有时经皮感染引起表皮糜烂；牙鲆仔鱼肠道白浊，真鲷、黑鲷患病主要是体表溃疡等。较为共同的特征是：体表出血变红，鳞片脱落，真皮组织溃疡；鳍基充血，肛门红肿，眼球突出，眼内出血或有气泡，或者眼球变白、混浊。解剖可见内部器官和肌肉组织有点状出血，肠道发炎、充血或出血变红；肠黏膜组织坏死脱落，肠道内有黄色或黄红色的黏液；肝脏、脾脏、肾脏出血或瘀血，严重时坏死；其他器官出血严重时，鳃往往贫血变白，有时还见腹部膨大，有腹水等症状。

【诊断】　从有关症状可进行初步诊断。确诊应从可疑病灶组织上取样进行细菌分离培养，用TCBS弧菌选择性培养基。现已有鳗弧菌单克隆抗体、溶藻弧菌单克隆抗体、创伤弧菌单克隆抗体等，可采用间接荧光抗体技术和酶联免疫吸附法检测，对上述弧菌引起的弧菌病进行早期快速诊断；分子生物学PCR技术在某些情况下也可应用于对弧菌病的检测。

【防治方法】

（1）预防　保持优良的水质和养殖环境，不投喂腐败变质的小杂鱼、虾。

（2）治疗

1）投喂磺胺类药物饵料，如磺胺甲氧嘧啶，第一天每千克鱼用药200毫克，第二天以后减半，制成药饵，连续投喂7～10天。

2）投喂抗生素药饵，如四环素或金霉素，每千克鱼每天用药70毫克，制成药饵，连续投喂5～7天。

3）在口服药饵的同时，用漂白粉等消毒剂全池泼洒，视病情用1～2次，可以提高防治效果。

第三节 真菌性鱼病

真菌在自然界分布广泛，存在于土壤、空气或水中，在动植物的表面和体内也能生存。危害水产生物的真菌主要有水霉、绵霉、杀鱼丝囊霉、鳃霉、鱼醉霉、镰刀菌及链壶菌等，对水产生物的危害较大，可以危害多种水产生物的幼体和成体，也可以危害其卵。传染源既有外源性也有内源性；发病与否与鱼体的健康状况和温度等环境因素密切相关。由于杀灭真菌的药物对机体有一定的毒副作用，而真菌的抗体又多数无抗感染作用，所以目前水产生物真菌病尚无十分有效的治疗方法，主要是进行早期预防和治疗。下面介绍两种最常见的鱼类真菌性疾病水霉病和鳃霉病。

一、水霉病（肤霉病）

【病原体】 在我国淡水鱼类的体表及卵上，现已发现的有十多种，其中最常见的是水霉属和绵霉属的一些种类。

【流行情况】 水霉在淡水水域中广泛存在，对温度的适应范围很广，5～26℃均可生长繁殖，只是不同种类稍微有些不同而已，有的甚至在水温30℃时还能生长。水霉营腐生生活，它通常长在鱼体的伤口处，不感染健康鱼，是鱼卵和苗种阶段的主要疾病之一。全国各地均有流行，以晚冬和早春最为流行，水霉和绵霉属的繁殖适宜水温为13～18℃。

【症状】 当鱼体表皮肤因理化因素，或细菌、病毒和寄生虫等生物因素感染受损伤时，水霉侵入损伤部位，向内外生长繁殖，入侵上皮及真皮组织，产生内菌丝，引起表皮组织坏死。有时可见到菌丝穿过肠壁入侵腹腔后感染肝脏、脾脏、心脏、鳔等内脏器官，引起病鱼死亡。向外生长的菌丝，形成肉眼可见的白色棉絮状物，俗称“白毛病”（彩图16）。由于寄生于体表的霉菌能分泌大量蛋白质分解酶，机体受刺激后分泌大量黏液，病鱼开始焦躁不安、食欲减退、游动无力，最后死亡。单性水霉可引起鲑科鱼类幼鱼的内脏真菌病，其最初侵入部位是胃的幽门部，随后菌丝在腹腔内大量生长繁殖。其致病的主要原因可能是肠蠕动障碍或肠道堵塞，使饵料滞留胃内，导致孢子发芽或菌丝发育，寄生于胃壁而引起损伤，并向其他脏器扩散。

在鱼卵孵化过程中，鱼卵因溶氧量低等引起发育停止或死亡时，亦可感染水霉，内菌丝入侵卵膜内，而卵膜外长出大量外菌丝，产生“卵

丝病”，俗称“太阳籽”。

【诊断】 直接观察鱼体表有无棉絮状的菌丝体，即可做出初步诊断。若为内脏真菌病时，应取脏器病料制作压片后镜检。

【防治方法】 根据活鱼卵有抗霉素存在及水霉菌腐生的本质，在鱼卵阶段用药物预防水霉病不是十分必要，主要是创造有利于鱼卵孵化的条件（近几年各地采用黏性卵的脱黏孵化法提高了孵化率），并且要注意的是在拉网、转运、操作时尽量仔细，勿使鱼体受伤。

（1）预防 在放养前，用以下的一种或两种方法进行鱼体消毒。

1）8%的二氧化氯，每立方米水体15～25克，全池泼洒，每15天1次。

2）生石灰，每立方米水体15～25克，全池泼洒，成鱼池每月1次。

3）用5%的食盐溶液浸浴3分钟。

4）用4/10 000的小苏打和4/10 000的食盐混合液长期浸浴。

5）每立方米水体用五倍子2克煎汁全池泼洒。

6）鱼卵可用4%的福尔马林浸浴2～3分钟。

关于产卵亲鱼水霉病的预防，可采用5%的碘酊涂抹伤口，有一定预防效果。

（2）治疗

1）用15～20毫克/升的高锰酸钾溶液浸浴鱼体15分钟。

2）用3%～4%的食盐溶液浸浴病鱼5分钟；或用0.5%～0.6%的食盐溶液进行较长时间的浸浴。

3）用4/10 000小苏打和4/10 000的食盐混合液长时间浸浴病鱼。

4）白仔鳗在患病早期，可将水温升高到25～26℃，多数可自愈。

5）内服抗菌药（如磺胺类、喹诺酮类、抗生素等），以防细菌感染，效果更好。

提示

水温20℃以上时，本病一般自然消失。

二、鳃霉病

【病原体】 从我国鲤科鱼类和其他淡水鱼类感染的鳃霉的菌丝形态结构和寄生情况来看，致病种类主要有血鳃霉和穿移鳃霉两种不同的类型。

【流行情况】 草鱼、青鱼、鳙鱼、鲮鱼、黄颡鱼、银鲴等对鳃霉具有易感性，出现以鳃组织梗死为特征的烂鳃病。其中鲮鱼苗最易感，以苗种阶段最为严重，发病率高，死亡率达70%~90%，1~3龄鱼也受其害。我国南方各省均有流行。国外报道，血鳃霉主要感染鲤科鱼类、丁鲹和鳗鲡等淡水鱼，流行高峰期为5~10月，往往呈急性病，1~2天内突然暴发，出现大量死亡，尤其在水质不良、池底老化、水中有机质突然增多的养殖池容易发生。

【症状】 病鱼失去食欲，呼吸困难，游动缓慢，鳃上黏液增多；由于鳃霉菌在鳃上不断生长，一再延长、分枝，而穿透鱼鳃的血管和软骨；破坏组织，堵塞微血管，使鳃瓣失去正常的鲜红色，呈粉红色或苍白色，常出现点状充血或出血现象，呈现花鳃；病重时鱼高度贫血，整个鳃呈青灰色，使呼吸机能受到很大影响，病情迅速恶化而死亡。

【诊断】 用显微镜检查鳃丝，当发现鳃上有大量鳃霉寄生时，即可做出诊断。

【防治方法】

（1）预防 冬季结合修整鱼池，清除池中过多淤泥，并用生石灰清塘；经常保持水的清洁，防止水质恶化，定期全池遍洒20毫克/升生石灰；施肥时，必须施用经发酵处理过的农家肥；必要时全池泼洒漂白粉消毒。

（2）治疗

1）注水转塘。发现本病迅速加入清水，或将鱼迁移到水质较瘦的池塘和流动的水体中，可停止发病。

2）每月全池遍洒1~2次20毫克/升的生石灰，或1毫克/升的漂白粉。

3）将50千克芭蕉心（大蕉心或香蕉心）切碎，加食盐1.5~2.0千克，再加乐果50克拌匀，在食台投喂，每50千克鱼投上述混合饲料2.5千克，效果很好。

第四节 寄生虫病

鱼类寄生虫病是指由寄生于鱼体表面和体内的各种寄生物引起的疾病。这些寄生物通过掠夺鱼体营养、造成机械性创伤、产生化学刺激和毒素作用等方式来危害鱼类。

一、原生动物病

由原生动物寄生引起的鱼类疾病，称作鱼类原生动物病，又称原虫病。原虫是单细胞生物，形态结构简单，个体小，肉眼不容易观察，寄生广泛。常见的原生动物疾病有：鞭毛虫病（淀粉卵甲藻病、鳃隐鞭虫病、颤动隐鞭虫病、鱼波豆虫病、锥体虫病、六鞭毛虫病）、孢子虫病（球虫病、黏孢子虫病、微孢子虫病、单孢子虫病）、纤毛虫病（斜管虫病、车轮虫病、小瓜虫病、半眉虫病、杯体虫病、隐核虫病）、吸管虫病（毛管虫病）、肉足虫病（内变形虫病）。

（一）鞭毛虫病

鞭毛虫的主要特征是以鞭毛作为运动器官，一般只有 1 个细胞核，无性生殖（纵分裂），寄生于鱼的皮肤、鳃、血液和肠道。能引起鱼类大量死亡的有隐鞭虫和鱼波豆虫。

1. 淀粉卵甲藻病

【病原体】 淀粉卵甲藻，又名眼点淀粉卵涡鞭虫。

【流行情况】 淀粉卵甲藻能侵袭很多种海水鱼类，寄生在鱼的鳃、皮肤和鳍上。大黄鱼、鮸鱼、双棘黄姑鱼、黄姑鱼、花尾胡椒鲷、条石鲷、黑鲷、漠斑牙鲆、海马等海水鱼类的幼鱼和成鱼均易发病；网箱养殖、工厂化养殖和池塘养殖都有流行。本病感染迅速，且传播快，死亡率高，幼鱼发病 3 天内没有采取措施就有全军覆没的危险。流行期为每年的 3～10 月，水温 20～30℃。近年来随着我国海水鱼类规模化苗种生产和渔业集约化养殖程度地逐渐提高，淀粉卵甲藻病的暴发时有发生。

【症状】 患淀粉卵甲藻病的病鱼，早期没有明显症状，当寄生数量多时，体表可见许多小白点，病鱼浮于水面，呼吸急促，口不能闭，游动缓慢；有时在固体物上摩擦身体，吃食减少，直至完全不吃食，鱼体瘦弱、发黑，鳃表皮细胞被破坏，鳃血管发炎，阻碍了血液正常循环，并能刺激鳃组织分泌大量黏液，掩盖鳃未经破坏的部分，使寄主呼吸困难，窒息而死。

【诊断】 根据症状再剪取部分鱼鳃或在体表刮取少量黏液，放在载玻片上，加上 1 滴清水，盖上盖玻片，在显微镜下检查，可见到鳃上或黏液中有大量梨形或球形固定不动的虫体（彩图 17、彩图 18），由此即可确诊。

【防治方法】

1）鱼塘用生石灰或漂白粉彻底清塘，工厂化养殖用水用紫外灯消毒，网箱设置在水体交换量大的水域。

2）加强水质和饲养管理，提高鱼体抗病能力。

3）鱼种放养前，若发现淀粉卵甲藻，用淡水浸浴6～10分钟，或用8克/米^{3}的硫酸铜溶液（每立方米水中放药8克）浸浴15～20分钟。

4）发生本病时，网箱养殖可收网捞鱼用淡水浸浴6～10分钟；工厂养殖和池塘养殖可用0.7克/米^{3}的硫酸铜和硫酸亚铁（5:2）合剂进行全池泼洒治疗，连用3天。

5）本病易复发，1个疗程结束后的3天左右取鱼鳃镜检，要确保治疗彻底，否则用上述方法再治疗1次；如有条件，可将治疗过的病鱼转移到新的养殖场地，能有效地防止复发。

2. 鳃隐鞭虫病

【病原体】 鳃隐鞭虫。

【流行情况】 鳃隐鞭虫病在我国主要养鱼地区均有发现，寄生在鲮、鲤、青、草、鲢、鳙、鲫、鳊、赤眼鳟、鲈、鳜、乌鳢、泥鳅、鲇等鱼的皮肤、鳃和鼻腔内。流行较严重的是江苏、浙江、广东和广西等地，多数淡水鱼都能寄生，但能引起大批死亡的是夏花草鱼。流行期为每年的5～10月，尤以7～9月最为严重。鲢鱼、鳙鱼对该虫具有天然免疫力，即使大量感染也不发病，成为“保虫寄主”。本病在20世纪50年代较严重，并且找到了有效的治疗方法，20世纪70年代以后危害减弱，这同各地经常采用生石灰清塘有着一定关系。

【症状】 患鳃隐鞭虫病的病鱼，早期没有明显症状；当寄生数量多时，则病鱼游动缓慢，呼吸困难，吃食减少，直至完全不吃食，鱼体发黑，鳃表皮细胞被破坏，鳃血管发炎，阻碍了血液正常循环，并能刺激鳃组织分泌大量黏液，掩盖鳃未经破坏的部分，使寄主呼吸困难，窒息而死。

【诊断】 根据症状再刮取少量黏液，放在载玻片上，加上1滴清水，盖上盖玻片，在显微镜下检查，可见到虫体不断地自动摆动，好似柳叶在飘动，由此即可确诊。

【防治方法】

1）鱼塘用生石灰或漂白粉彻底清塘。

2）加强水质管理，提高鱼体抗病能力。

3）鱼种入池前，若发现鳃隐鞭虫，用8克/米^{3}的硫酸铜溶液（每立方米水中放药8克）浸浴，水温15～20℃时，浸浴15～20分钟。

4）本病流行期内，在食场上挂布袋（麻布袋）3～6只，每袋装硫酸铜100克、硫酸亚铁40克，1个疗程挂药3天，每天换药1次。一般每月挂药1～2个疗程。

5）鱼塘中发生本病时，用0.7克/米^{3}的硫酸铜和硫酸亚铁（5:2）合剂进行全池泼洒治疗。

3. 颤动隐鞭虫病

【病原体】　颤动隐鞭虫。

【流行情况】　颤动隐鞭虫在一般淡水养殖鱼类中都能寄生，寄生在鲮、鲤、青、草、鲢、鳙、鲫、鳊等鱼的皮肤和鳃上，主要危害鲮鱼、草鱼和鲤鱼的鱼苗和夏花鱼。一些面积小、水质差的鱼塘常常发生这种病。全国各地养鱼场均有发现，流行期在冬末和春季。

【症状】　本病早期没有明显症状，当寄生数量多时，则病鱼游动缓慢，呼吸困难，吃食减少，直至完全不吃食，鱼体发黑，最终消瘦而亡。此虫主要侵袭鱼的皮肤，有时鳃上也可以看到。主要危害3厘米以下的鱼种，使鱼幼嫩的皮肤或鳃组织被破坏，影响鱼种的生长和发育。

【诊断】　根据症状和流行情况并结合镜检即可诊断。

【防治方法】　同鳃隐鞭虫病。

4. 鱼波豆虫病（口丝虫病）

【病原体】　漂游鱼波豆虫。

【流行情况】　国内外都有流行，我国自南至北均有本病危害。适宜漂游鱼波豆虫大量繁殖的水温是12～20℃。流行期为冬末和春季，全国各养鱼地区都有流行。危害各种冷水及温水性淡水鱼类，尤以鲤鱼和鲮鱼的鱼苗最为严重。鱼的年龄越小对这病越敏感，放养后3～4天的鱼苗或从鱼卵孵化出6～8天的即可受害，且病程短，发现病原体2～3天后，病鱼即开始大量死亡。在鱼种阶段，春花最易受感染，因经过越冬后体质较弱，抵抗力差，且这时的水温又适合鱼波豆虫大量繁殖，可引起大批死亡。

【症状】　发病早期没有明显症状，当漂游鱼波豆虫大量侵袭鱼的皮肤和鳃瓣，病情严重时，用肉眼仔细观察，可辨认出有暗淡的小斑点，皮肤上形成一层蓝灰色的黏液。被感染的鳃小片上皮坏死、脱落，使鳃器官丧失了正常的生理功能，导致病鱼呼吸困难。同时被该虫破坏的地方充血、发炎、糜烂，且往往被细菌或水霉感染形成溃疡。病鱼食欲不振，反应迟钝，鲤鱼感染时，可引起鳞囊积水、竖鳞等症状。

【诊断】 根据症状和流行情况进行初诊。用显微镜进行检查，可见虫体成群地聚集在鳃丝的边缘并在原地打转，经过一段时间后则活泼地做曲折游动前进，由此即可确诊。

【防治方法】

1）同鳃隐鞭虫病。

2）可用亚甲蓝溶液全池泼洒治疗，使池水为1～2克/米^3，隔天重复全池泼洒1次，效果良好。

3）用2.5%的食盐溶液浸浴病鱼10～20分钟，有一定疗效。

5. 锥体虫病

【病原体】 我国已发现的锥体虫有20余种，如青鱼锥体虫、鲢锥体虫等。虫体呈狭长的叶片状，1根鞭毛。

【流行情况】 淡水鱼类都可感染，一年四季都可发生，但主要流行于6～8月，水蛭是其重要的传播媒介。

【症状】 锥体虫虽然是淡水鱼类中比较普遍的寄生虫，但是一般情况下在鱼体中的寄生数量不多，从鱼的外表和血液都看不出明显的症状。严重寄生时病鱼表现为贫血、消瘦、易继发其他疾病引起死亡。

【诊断】 通过血液学检查发现虫体。

【防治方法】

1）杀灭水蛭，用生石灰200克/米^{3}带水清塘。

2）对鱼种可用少量氨苯基胂酸铜拌入饲料中投喂，能取得疗效。但此药有毒，不宜用于食用鱼。

6. 六鞭毛虫病

【病原体】 中华六前鞭毛虫、鲴六前鞭毛虫。

【流行情况】 中华六前鞭毛虫寄生于多种鱼类肠道、肝脏、胆囊等器官中，尤其是1～2龄草鱼最多，鲢、鳙、鲮、鲤、鲫、青等淡水鱼的肠道中也有发现。鲴六前鞭毛虫的寄主主要是细鳞斜颌鲴、银鲴和黄尾密鲴。全国各水产养殖区均有发现，一年四季均可发生，以春、夏、秋之际最普遍。

【症状】 六前鞭毛虫寄生在肠道内，当严重感染时，整条肠道都能发现；也可在胆囊、膀胱、肝脏、心脏、血液中找到，靠摄食寄主的残余食物为生。其致病作用目前尚无定论，一般认为无害或是继发作用；

在草鱼后肠很常见。当患细菌性肠炎或寄生虫肠炎时，此虫大量寄生，会加重肠道炎症，促使病情恶化。

【诊断】 用显微镜检查确诊。

【防治方法】 用生石灰或漂白粉等清塘药物彻底清塘，消灭池中胞囊。

（二）孢子虫病

孢子虫全部营寄生生活，是淡水鱼类寄生原生动物中种类最多、分布最广、危害较大的一种寄生虫，有些种类可引起鱼类的大批死亡，或丧失商品价值，有的种类还是口岸检疫对象。

在我国淡水鱼类中寄生的孢子虫有 4 大类，即球虫、黏孢子虫、微孢子虫和单孢子虫，其生活史均在一个寄主体内完成，属孢子虫纲，以球虫和黏孢子虫对鱼类的危害最大。

1. 球虫病（艾美虫病）

【病原体】 艾美虫。我国淡水鱼体内寄生的艾美虫已发现十余种，常见的有青鱼艾美虫、中华艾美虫、鲤艾美虫等。

【流行情况】 艾美虫寄生在多种淡水和海水鱼的肠、幽门垂、肝脏、肾脏、精巢、卵巢、胆囊和鳔等处，国内外都有发生。在我国危害较大的是青鱼艾美虫，能引起死亡，以江苏、浙江一带流行较严重，也曾在辽宁省发生。适合艾美虫大量繁殖的水温为 24 ~ 30℃，每年 4 ~ 7 月为流行季节，通过卵囊传播。

【症状】 以青鱼艾美虫为例，艾美虫少量寄生时，青鱼没有明显症状，当大量寄生时，可引起病鱼消瘦、贫血、食欲减退、游动缓慢、鱼体发黑。它们寄生在青鱼肠道内，严重破坏肠细胞，在肠道前段的肠壁上，有许多白色小结节的病灶，肠管特别粗大，比正常的大 2 ~ 3 倍，这些小结节，就是由艾美虫的卵囊群集而成。严重时肠壁溃烂穿孔。病原体有时还蔓延至肝脏、肾脏、胆囊等器官。病鱼鳃瓣呈苍白色，腹部膨大，失去食欲，游动缓慢。此病原体从青鱼夏花鱼种至成鱼均能感染，但造成大量死亡的往往是 2 龄青鱼。

【诊断】 剖开青鱼肠道，可见前肠肠壁上有许多白色小结节，在显微镜下能见到艾美虫；严重时肠壁溃烂。

【防治方法】

1）用生石灰清塘，杀灭虫卵。根据青鱼艾美虫和住肠艾美虫对寄生有选择性的特点，进行鱼塘轮养。即今年饲养青鱼的池塘，明年改养

第三章

别的鱼，有一定的预防效果。

2）每100千克鱼用2.4克碘配成的碘液，拌在饲料内投喂，每次连续投药饵4天。

3）每100千克青鱼，用硫黄粉100克与面粉调成药糊，拌入豆饼制成药饵，每天投喂1次，连续4天，有一定疗效。

2. 黏孢子虫病

黏孢子虫是寄生于鱼类、两栖类和爬行类的一类寄生虫。目前已发现近千种，其中绝大部分寄生在鱼体中，只有极少种类寄生在两栖类（5种）、爬行类（3种）、环节动物（1种）和昆虫（1种）中，可以说它是鱼类所特有的一种寄生虫。在鱼体各个器官、组织都可寄生，但大多数虫个体微小，需在高倍显微镜下观察才能正确诊断黏孢子虫的形态和结构。对养殖鱼类危害较严重的黏孢子虫病有下列8种。

（1）鲢四极虫病

【病原体】 鲢四极虫。

【流行情况】 本病在东北地区广为流行，主要危害越冬后期的鲢鱼鱼种。

【症状】 由于鲢四极虫营养体密集成团，寄生于鲢鱼的胆囊和胆管中，使胆管受堵塞并被破坏；影响鱼类对脂肪的消化和呼吸，使鱼的肥满度降低，特别是鲢鱼越冬饥饿期间，寄生虫能大量消耗寄主养分。一般在越冬后期病鱼已虚弱，加上并发斜管虫病，容易引起大量死亡。病鱼表现为鱼体消瘦、发黑，眼球突出或眼圈出现点状出血，鳍基部和腹部变成黄色；肝脏呈浅黄色或苍白色，胆囊极大，充满黄色或黄褐色的胆汁，肠内充满黄色的黏状物，个别病鱼体腔积水；在越冬后常并发水霉病。

【诊断】

1）根据症状及流行季节进行初诊，一般情况下肉眼均可见到白色胞囊。

2）挑取白色胞囊物在显微镜下观察即可确诊。

【防治方法】 用石灰彻底清塘，能杀灭塘底孢子。可用盐酸环氯胍和亚甲蓝混合剂治疗鲢四极虫病。每千克饲料拌入盐酸环氯胍1克和亚甲蓝0.5克，先在盐酸环氯胍和亚甲蓝中加入适量水制成溶液，然后混合拌入饲料，1小时后喂鱼。冬天3天喂1次，连喂10次为1个疗程，相隔10天后再喂第二疗程。这样在冬夏季连续治疗有很好的疗效。

（2）鲢碘泡虫病

【病原体】 鲢碘泡虫。

【流行情况】 本病在20世纪60年代初期发现于杭州西湖，以后相继在华北、东北、华东和中南地区的许多江、河、池塘、水库和湖泊中发现。以西湖中的鲢鱼受害最严重，主要危害1龄以上的鲢鱼，鲢鱼苗刚出膜即可被感染。

【症状】 鲢碘泡虫寄生在鲢的各器官组织，主要侵袭鲢鱼的中枢神经系统和感觉器官，如脑、脊髓、脑颅腔内拟淋巴液、神经、嗅觉系统和平衡、听觉等。当鲢鱼头部寄生着大量鲢碘泡虫孢子及其营养体时，其脑颅腔中的拟淋巴液会出现萎缩、变黄和干枯现象。由于虫体压迫中枢神经、剥夺营养物质和破坏平衡器官（内耳三半规管），使动物机能紊乱，平衡机能失调，形成病鱼在水中狂游乱窜，常跳出水面，以致完全失去感觉和摄食能力而死亡，故叫疯狂病。剖解可见病鱼的肝脏、脾脏萎缩。

【诊断】

1）根据症状及流行季节进行初诊，一般情况下肉眼均可见到白色胞囊。

2）挑取白色胞囊物在显微镜下观察即可做出诊断。

【防治方法】

1）地区间采购和运输鱼种须经过严格检疫，发现有些病原体感染的鱼种（如鱼种头部有白色胞囊），必须就地处理，严禁运出。

2）在本病流行区内用于培育鱼苗至夏花阶段的池塘，必须彻底清塘。即排干塘水后，每亩施放生石灰125千克，能有效地杀灭在池底越冬的孢子。

3）发病时可用90%的晶体敌百虫加硫酸铜全池泼洒，使池水为1克/米^3（敌百虫0.5克/米^3，硫酸铜0.5克/米^3），每隔15天1次，连续2～3次。

（3）饼形碘泡虫病

【病原体】 饼形碘泡虫。

【流行情况】 本病主要流行于广东、广西、福建、四川等地区，是草鱼育苗期间的一种严重病害。主要寄生在草鱼的肠壁，形成许多白色小胞囊。据统计患病死亡率可达90%，对5厘米以下的草鱼危害最大，但同池饲养的其他鱼种不感染。

【症状】 病鱼肠道切片镜检，可以看到肠绒毛膜之间拥挤有许多胞囊。孢子向黏膜下肌肉层推进，使肠的消化吸收机能遭受严重破坏，这时候可发生大批幼鱼死亡。病鱼体色发黑、消瘦，腹部稍微膨大，鳃呈浅红色，肠内无食，前肠增粗，肠壁组织糜烂，游动无力，有的鱼体出现弯曲。

【诊断】

1）根据症状及流行季节进行初诊，一般情况下肉眼均可见到白色胞囊。

2）挑取白色胞囊物在显微镜下观察即可做出诊断。

【防治方法】 饼形碘泡虫只在草鱼中发现，其他鱼类尚未发现感染此虫。通过池塘轮养的方法，可提高草鱼鱼苗的成活率。如广东惠州的1口鱼塘，1972年培养草鱼鱼苗100万尾，后因感染饼形碘泡虫而发生大量死鱼。1973年改养鲮鱼鱼苗，1974年重新培育草鱼鱼苗20万尾，成活率为50%。药物预防可使用盐酸环氯胍药饵，鱼苗下塘第三天开始投喂，连续喂7天。鱼苗长到3厘米时，再喂1个疗程。发病后，每天每万尾鱼苗以1.5~2.0克的药量制成药饵，连喂8天为1个疗程。

（4）鲫碘泡虫病

【病原体】 鲫碘泡虫。

【流行情况】 本病主要危害1龄银鲫，普通鲫鱼和白鲫有时也能感染。流行面广，北起黑龙江，南达广东、广西地区均有流行，上海、江苏、浙江一带是多发病区。8~9月间是本病的主要流行季节。

【症状】 胞囊常常着生在前背肌。这部分肌肉由于受孢子虫营养体的刺激，有明显的充血现象；严重时变成瘤状的疖疮，手摸患处，很柔软，好似要胀破一样。如将病鱼患处横切，可从切面看到腹腔上脊椎周围形成对称的2个乳白色胞囊区。由于病鱼肌肉溃烂和组织被破坏，使鱼体瘦弱，生长受抑制。病鱼对池塘缺氧很敏感，如遇池塘缺氧，极易死亡。

【诊断】

1）根据症状及流行季节进行初诊，一般情况下肉眼均可见到白色胞囊。

2）挑取白色胞囊物在显微镜下观察即可做出诊断。

【防治方法】

1）严格执行检疫制度。

2）必须清除池底过多淤泥，并用生石灰彻底消毒。

3）加强饲养管理，增强鱼体抵抗力。

4）全池遍洒晶体敌百虫多次，有预防作用，并可减轻鱼体表及鳃上寄生的碘泡虫。

5）用盐酸环氯胍或盐酸左旋咪唑拌饲投喂。

（5）野鲤碘泡虫病

【病原体】　野鲤碘泡虫。

【流行情况】　主要危害鲤鱼、鲮鱼。本病在长江流域和广东、广西地区均有发现。广西、广东以鲮鱼容易发病，发病季节为3～5月；湖北、湖南等地以鲤鱼易发病，流行季节为春秋两季。

【症状】　野鲤碘泡虫寄生在镜鲤、鲫鱼和鲮鱼的皮肤和鳃上，形成灰白色点状或瘤状胞囊。随着病情发展，胞囊越来越多；胞囊由寄生形成的结缔组织膜包围，影响其正常游动和摄食。同时因皮肤和鳃组织被破坏，生长发育受抑制，引起病鱼死亡。

【诊断】　根据症状及流行季节进行初诊，一般情况下肉眼均可见到白色胞囊。

【防治方法】　同鲫碘泡虫病。

（6）异型碘泡虫病

【病原体】　异型碘泡虫。

【流行情况】　主要危害鲢鱼、鳙鱼的鱼苗和鱼种，鲤鱼偶尔也有发生。本病在长江流域及南方各省均有发现，发病季节为5～8月，6～7月为发病高峰期。

【症状】　虫体寄生在鳃上，有时在体表和鳍条等处也可发现。形成针头大小的白囊，严重感染时鳃丝红肿，鳃盖难闭合，黏液增多，病鱼因缺氧而死。

【诊断】　挑取患病处制成压片，在显微镜下观察即可做出诊断。

【防治方法】　同鲫碘泡虫病。

（7）单极虫病

【病原体】　国内已发现7种，对淡水鱼类危害较严重的有鲮单极虫和鲤吉陶单极虫（彩图19）。

【流行情况】　鲮单极虫主要危害鲤鱼、鲫鱼，无明显的流行季节；鲤吉陶单极虫主要危害鲤鱼，主要流行于东北和华北地区。本病主要影响鱼类生长，严重时也会引起死亡。据湖南邵阳地区水产研究所介绍，每年7～8月间会有少量的散养镜鲤亲鱼因患吉陶单极虫病而引起死亡。

【症状】　鲮单极虫常寄生在鲤鱼或鲫鱼的鳞片下，形成白色或蜡黄色肉眼可见的胞囊，使鳞片竖起，导致鱼丧失商品价值。鲤吉陶单极虫寄生在散养镜鲤的肠壁黏膜层与肌肉层之间，胞囊向肠腔隆起呈瘤状，引起肠道扩张，肠壁变薄而透明，功能下降，并堵塞肠道，影响进食。同时寄生虫能引起肠道局部组织瘀血、坏死、脱落。病鱼表现为腹腔积水，逐渐饿死。

【诊断】 同鲫碘泡虫病。

（8）尾孢虫病

【病原体】 尾孢虫常见的种类有中华尾孢虫、巨型孢虫和徐家汇尾孢虫等。

【流行情况】 中华尾孢虫主要危害乌鳢和斑鳢的鱼种，严重感染时可引起幼鱼大批死亡，以广东、广西地区较为流行，流行期为5～7月。

【症状】 中华尾孢虫寄生于乌鳢的皮肤、鳃和鳔等部位，以鳔管内壁的柔软组织最为常见。胞囊呈浅黄色，大小差异很大，严重感染时，可致鱼死亡。

鳜鱼鳃上寄生的尾孢虫，胞囊呈瘤状，引起鳃充血、溃烂，严重时导致病鱼死亡。

【诊断】 根据症状及流行季节进行初诊，一般情况下肉眼均可见到白色胞囊。

【防治方法】 同鲫碘泡虫病。

3. 微孢子虫病

这是一类寄生于鱼类细胞内的寄生虫，个体微小，其主要代表为格留虫。

【病原体】 微孢子虫（彩图20）。

【流行情况】 池塘、湖泊和水库中的草、鲢、鳙、鲤、鲫、鳊和斑鳢等鱼都能发生本病。该虫体使鱼类的内部器官出现机能障碍而引起死亡。

【症状】 寄生在鲤、草、银鲫等鱼类的肾脏、性腺、胆囊、肝脏、肠道、脂肪组织、鳃和皮肤等处，因而使鱼的生殖力消退。

【诊断】

1）根据症状及流行情况进行初步诊断。

2）取病灶部分制成压片，用显微镜检查即可做出诊断。

【防治方法】 同黏孢子虫病。

4. 单孢子虫病

单孢子虫结构简单，孢子外包围一层薄而透明的膜，无极囊和极丝（彩图21），细胞质内有1个显著的圆形发亮的折光体。如肤孢虫病，其特点如下。

【病原体】 野鲤肤孢虫、鲈肤孢虫、广东肤孢虫等。

【流行情况】 肤孢虫引起鱼类死亡的现象较普遍。野鲤肤孢虫寄生于鲤、青、草等鱼的体表和鳃；鲈肤孢虫寄生于鲈、青、鲢、鳙等鱼的鳃；广东肤孢虫寄生于斑鳢的鳃。上海和山东等地普遍发现草鱼鱼卵及鲤鱼患本病，并出现死亡，鲢、鳙、鲈等鱼也感染本病。流行期为4~6月。

【症状】 肤孢虫寄生在鱼体表或鳃上，胞囊肉眼可见。严重时鱼的皮肤、尾鳍、眼眶和鳃瓣等部位都布满胞囊，病灶周围的组织充血、发炎或腐烂；鱼体外表极度发黑、消瘦，以致死亡。

【诊断】

1）根据症状肉眼可做出初步诊断。

2）取病灶部分制成压片，用显微镜检查可以确诊。

【防治方法】

1）用0.3克/米^3 90%的晶体敌百虫全池遍洒治疗，3天后胞囊脱落。

2）日本将患本病的鳗鱼放在水槽中，提高水温至30℃，几天后胞囊破溃、模糊，并逐渐消失。

3）用碘酊涂擦患部，胞囊可自行脱落。

（三）纤毛虫病

纤毛虫靠胞囊或直接接触传播，常见种类有斜管虫、小瓜虫、车轮虫、杯体虫等。

1. 斜管虫病

【病原体】 鲤斜管虫。

【流行情况】 温水性和冷水性淡水鱼类都能感染斜管虫，国内外都有报道，但引起严重死亡的主要是鲤、草、鲫、鲢、鳙等鱼的鱼苗、鱼种；产卵亲鲤如大量感染，会影响其正常的生殖功能。本病全国各养鱼地区都有发生，虫体生长繁殖水温为12~18℃，3~5月为流行季节。当水质恶劣、鱼体衰弱时，在夏季及冬季的冰下也会发生斜管虫病，引起鱼大量死亡，甚至越冬池中的亲鱼也发生死亡，为北方地区越冬后期的严重疾病之一。

【症状】 当鲤斜管虫少量寄生时危害并不大，当大量侵袭鱼的皮肤和鳃时，表皮组织因受刺激而分泌大量黏液，使寄主皮肤表面形成黄白色或浅蓝色黏液层，鱼体与实物摩擦，表皮发炎、坏死脱落；同时组织被破坏，严重影响鱼的呼吸机能。水温 12～15℃时，病原体迅速繁殖，2～3 天后即大量出现，在皮肤、鳍和鳃丝的缝隙间布满，使鱼大批死亡。

【诊断】 需要用显微镜检查才能确诊。

【防治方法】

1）在鱼种放养前发现此病原时，用含量为 8 克/米^3 的硫酸铜溶液，浸浴 15～30 分钟。

2）在鱼种培育鱼塘内发现本病时，用硫酸铜和硫酸亚铁合剂（5:2），全池泼洒，使池水为 0.7 克/米^3。

3）将病鱼放在剂量为 3～6 克/米^3 的高锰酸钾溶液中浸浴 1～2 小时，隔天再浸浴 1 次。

4）用生石灰彻底清塘，杀灭池中的病原体。

2. 车轮虫病

【病原体】 车轮虫或小车轮虫（彩图 22）。虫体一般反口面朝前，像车轮般转动。寄生于鱼体表的车轮虫，个体较大，常见的有显著车轮虫、粗棘杜氏车轮虫、卵形车轮虫、东方轮虫等；寄生于鱼鳃上的车轮虫，常见的有卵形车轮虫、眉溪小车轮虫等。

【流行情况】 车轮虫寄生在多种淡水鱼、咸淡水鱼及海水鱼的鳃及体表各处，有时在鼻孔、膀胱和输尿管中也有寄生。本病全国各养鱼地区都有流行，一年四季均可发生。5～7 月间鱼苗培育至夏花阶段发病最为严重，造成大批鱼苗死亡，给鱼种生产带来很大损失。适宜此虫繁殖的水温为 20～28℃。从鱼体上脱落的车轮虫，能在水中生活 1～2 天，可以直接侵袭新的寄主。它不仅能寄生在鱼体上，还能寄生于蝌蚪、甲壳动物体上，使其成为鱼类车轮虫病的带虫者。通过与鱼体直接接触而感染，可随水、水中生物及工具等而传播。

【症状】 少量寄生时，没有明显症状；严重感染时，可引起寄生处黏液增多，鱼苗、鱼种游动缓慢，呼吸困难而死亡。严重感染车轮虫的鱼苗，其身体极度消瘦、暗黑，离群或靠近池边缓慢游动，鱼苗体上在车轮虫较密集的部位，如鳍、头部、体表出现一层白翳，在水中观察尤为明显，有的病鱼还成群围绕池边狂游，呈“跑马”症状。

【诊断】　因车轮虫个体较小，刮取部分鱼体表黏液或鳃丝在显微镜下观察即可诊断。

【防治方法】

1）鱼体消毒用 8 克/米^3 的硫酸铜溶液浸浴 20～30 分钟，或用1%～2%的食盐溶液浸浴 2～5 分钟进行消毒（具体时间视鱼体忍耐度而定）。

2）发病鱼塘用硫酸铜和硫酸亚铁合剂（5:2）全池泼洒，使池水为 0.7 克/米^3。

3）每亩池塘用 15～20 千克苦楝树枝叶沤水（扎成小捆），隔天翻一下，每隔 7～10 天换 1 次新鲜楝树叶枝。

4）每亩池塘用 2～3 千克新鲜韭菜，加入食盐 1 千克，把韭菜切碎拌入食盐，边拌边搓出汁液，每天进行全池泼洒，连泼 3 天。

3. 小瓜虫病

【病原体】　多子小瓜虫。

【流行情况】　多子小瓜虫对鱼的种类及年龄没有严格选择性，各种淡水鱼都有寄生，国内外各养鱼地区都普遍流行。严重危害养殖鱼类的各鱼种、金鱼及越冬期间的尼罗罗非鱼。小瓜虫生长繁殖的水温一般在 15～25℃，水温低于 10℃和上升到 26～28℃时发育停止，28℃以上幼虫死亡，所以这种病的流行季节比较明显，一般 3～5 月最为流行，6～7 月病情大大减少，8～10 月又是流行季节，11～12 月除了在小面积水体，特别是除了在室内水族箱条件下会发生本病外，一般不会发生本病。

【症状】　小瓜虫侵入鱼的皮肤或鳃组织中，剥取寄主组织作为营养，引起组织增生和发炎并产生大量的黏液，在躯干、头、鳍、鳃、口腔等处布满小白点。严重时体表似覆盖一层白色薄膜，鳞片脱落，鳍条裂开、腐烂。鳃组织被大量寄生时，黏液增多，鳃小片被破坏，影响呼吸。病鱼反应迟钝，缓游于水面，不久即死亡。

【诊断】

1）肉眼可以见到体表或鳃上有许多小白点，再根据症状可做出初诊。

2）用显微镜进行检查即可确诊。

3）如没有显微镜可将寄生有小白点的鳍条、鳃丝剪下，放在白瓷盘中，加少许水，用针将白点膜挑破，如看到有小虫体活泼滚动，即可诊断。

【防治方法】

1）鱼塘要用生石灰彻底清塘，以杀灭小瓜虫的胞囊。

2）每立方水体中加入125毫升福尔马林溶液药浴处理30分钟，每天2次，有一定疗效。

3）发病鱼塘可用中草药治疗，即每亩水深1米用辣椒粉210克，生姜干片100克煎煮成25千克药水，全池泼洒，每天1次，连续2天。

4）在水族箱中饲养的鱼患本病，可将水温提高到18℃以上，小瓜虫即可脱落而死亡。

5）全池遍洒亚甲蓝，使池水为2克/米^3。

【注意事项】 不能用硫酸铜或者是硫酸铜与硫酸亚铁合剂治疗小瓜虫，因为硫酸铜对小瓜虫不但无杀灭效果反而可使小瓜虫形成胞囊，进行大量繁殖，使得病情更加恶化。

提示

小瓜虫与孢子虫胞囊寄生在鱼体表时都是表现为“白点”症状，但通过显微镜可发现：小瓜虫体内有一马蹄形大核，且虫体做缓慢转动；而孢子虫胞囊内有许多微小的孢子虫，不做运动。

4. 半眉虫病

【病原体】 常见的有巨口半眉虫和圆形半眉虫。

【流行情况】 巨口半眉虫能寄生于各种淡水鱼体上；圆形半眉虫主要寄生在鲢鱼和鳙鱼鳃上。这两种寄生虫在国内各地都有分布，它们往往同车轮虫病和鳃隐鞭虫病并发。适宜半眉虫繁殖的水温是28~32℃，虫体脱离寄主之后，可在水中自由生活1~2天。

【症状】 半眉虫寄生在鱼的皮肤和鳃的上皮组织内，以胞囊形式寄生。在病灶里虫体不断转动，剥取寄主组织作为营养，对寄主有一定的破坏作用。

【诊断】 须用显微镜观察确诊。

【防治方法】 以硫酸铜和硫酸亚铁合剂（5∶2）全池泼洒，使池水为0.7克/米^3。

5. 杯体虫病

【病原体】 常见的有筒形杯体虫、卵形舌杯虫。

【流行情况】 杯体虫寄生在鱼体表和鳃上，对组织有破坏作用，主要危害2.5厘米以下的鱼苗。病原体在一定的环境条件下，身体中部的纤毛带长出更致密的长纤毛，接着口围完全收缩变圆，脱离寄主，后端

的附着盘收缩，整个身体像茄子，称为游动体，可转移到另一寄主，是感染的重要环节。发病时间为 5 ~ 7 月。

【症状】 虫体附着在鱼的鳃和皮肤上，以摄取水中的食物粒作为营养，当它们成丛寄生于鱼苗身上时，妨碍鱼的正常呼吸，影响鱼的生长发育。病鱼常常成群在池边缓游，身上似有一层毛状物。

【诊断】 须用显微镜观察确诊。

【防治方法】

1）鱼塘用生石灰或漂白粉彻底清塘。

2）投饲量适当，合理密养和混养，保持水质优良；加强水质管理，提高鱼体抗病能力。

3）鱼种入池前，若发现虫体，用 8 克/米^3 的硫酸铜溶液（每立方米水中放药 8 克）浸浴，水温为 15 ~ 20℃时，浸浴 15 ~ 20 分钟；或者用 10 ~ 20 毫克/升的高锰酸钾溶液浸浴 10 ~ 30 分钟；也可用 2% ~ 4% 的食盐溶液浸浴 2 ~ 15 分钟。

4）本病流行期内，在食场上挂布袋（麻布袋）3 ~ 6 只。每袋装硫酸铜 100 克、硫酸亚铁 40 克，1 个疗程挂药 3 天，每天换药 1 次。一般每月挂药 1 ~ 2 个疗程。

5）在鱼塘中发生本病时，用 0.7 克/米^3 的硫酸铜和硫酸亚铁（5:2）合剂进行全池泼洒治疗；或者用 0.6 克/米^3 的硫酸锌和 2 克/米^3 的聚维酮碘制剂治疗。

6. 隐核虫病（海水鱼白点病）

【病原体】 刺激隐核虫（海水小瓜虫）。

【流行情况】 隐核虫适宜水温为 10 ~ 30℃，最适繁殖水温为 25℃左右，所以夏季和秋初是隐核虫病的流行季节。隐核虫主要侵害水族馆中的海水鱼类，疾病传播很快，病情发展迅速。观赏鱼类在发现疾病后几天之内就大批死亡，世界各地的水族馆中均有发生。近些年来，随着养殖种类的增加和放养密度的提高，池塘和网箱养殖的鲈鱼、鲻鱼、梭鱼、真鲷、黑鲷、石斑鱼、东方纯、牙鲆等海水养殖鱼类都可被侵害。本病流行地区广，无寄主专一性，几乎所有的硬骨鱼类都可被感染，但板鳃类具有抵抗力。本病的发生与鱼类放养的密度过大有密切关系。

【症状】 病鱼体表、鳃表、眼角膜和口腔等与外界相接触处，肉眼可观察到许多小白点。因为虫体钻入鳃和皮肤的上皮组织之下、基底膜的上面，以宿主的组织为食，并不断转动其身体，宿主组织受到刺激后，形成白色膜囊将虫体包住，所以肉眼看去在病鱼体表和鳃上有许多小白点，与小瓜虫引起的淡水鱼白点病的症状很相似，因此也叫作海水鱼白点病。不过隐核虫在皮肤上寄生很牢固，必须用镊子用力才能刮下，小瓜虫则很易脱落。

病鱼皮肤和鳃因受刺激分泌大量黏液，严重者体表形成一层混浊的白膜，皮肤有点状充血，甚至发生炎症，鳃上皮组织增生并出现溃烂；眼角膜上被寄生时可引起瞎眼。病鱼食欲不振或不吃食，身体瘦弱，游泳无力，呼吸困难，最终可能窒息而死。

【诊断】 将鳃或体表的白点取下，制成水浸片，在显微镜下看到圆形或卵圆形全身具有纤毛、体色不透明、缓慢旋转运动的虫体，就可以诊断。

【防治方法】

1）用醋酸铜全池泼洒，使池水为 0.3 克/米^3。

2）加强水质管理，提高鱼体抗病能力。

3）用福尔马林 25 毫升/米^3 的溶液，全池泼洒，每天 1 次，连用 3 次。

4）用硫酸铜全池泼洒，在静水中使池水为 1 克/米^3。

（四）吸管虫病

吸管虫病中常见的为毛管虫病，其特点如下。

【病原体】 毛管虫，国内淡水鱼中已发现有中华毛管虫和湖北毛管虫。

【流行情况】 全国各养鱼地区都有流行。主要危害草鱼、青鱼、鲢鱼、鳙鱼、鲮鱼的夏花和越冬鱼种，流行季节为 6 ~ 10 月，靠纤毛幼虫接触鱼体传播。

【症状】 毛管虫寄生在各种淡水鱼的鳃上和体表上，以鳃瓣为多数。虫体常延长呈柄状，伸入鳃丝的缝隙或紧贴小片，有吸管的一端露在外面。被寄生的组织细胞被破坏，形成凹陷的病灶；大量寄生时，呼吸上皮细胞受损，妨碍鱼的呼吸机能，病鱼呼吸困难，上浮水面，身体瘦弱，严重时引起死亡。

【诊断】 剪下部分鳃丝或刮取表皮，压成薄片，在显微镜下观察即可确诊。

【防治方法】 同隐鞭虫病。

（五）肉足虫病

肉足虫的主要特征是具有伪足，以伪足为行动胞器，伪足形状不定，

结构也有所不同。有叶状伪足、根状伪足、丝状伪足、有轴伪足等。虫体寄生在消化道内，造成这些器官溃疡或脓肿。国内仅发现寄生在草鱼肠内的内变形虫科的一种，由此引起的内变形虫病的特点如下。

【病原体】 鲩内变形虫，靠胞囊进行传播，鱼吞食被成熟胞囊污染的食物而感染。

【流行情况】 主要寄生于2龄以上的草鱼，10厘米左右的草鱼也会感染，常与细菌性肠炎一起暴发流行。北自黑龙江、南至长江和西江流域均有分布，尤以广东、广西地区较流行。流行季节为6~7月。

【症状】 鲩内变形虫以滋养体的形式寄生于草鱼的直肠黏膜，或深入到下层，有时甚至可以经血液流送到肝脏或其他器官。单纯感染内变形虫，数量不多时，肠管往往不表现明显的溃疡和脓肿症状，但常与六前鞭毛虫病、鲩肠袋虫病及细菌性肠炎病并发，病变始于黏膜表面，向周围发展形成脓肿。严重时肠黏膜遭到破坏，后肠形成溃疡、充血发炎、轻压腹部流出黄色黏液，与细菌性肠炎相似，但肛门不红肿。虫体聚在肛门附近的直肠内，分泌溶解酶溶解组织，靠伪足的机械作用穿入肠黏膜组织。

【诊断】 取后直肠黏液镜检，发现有浅灰色虫体，运动活泼，能不断伸出伪足，改变体形和活动方向，由此便可确诊。

【防治方法】 用生石灰清塘可以预防。

二、由蠕虫引起的疾病

由蠕虫引起的疾病叫蠕虫病。所谓蠕虫，实际上包括扁形动物、线形动物、纽形动物、环节动物等。与养殖鱼类关系较大的是扁形动物和线形动物的一些种类，尤以扁形动物的危害最大。

（一）单殖吸虫病

单殖吸虫属扁形动物门吸虫纲，绝大部分是体外寄生。寄生部位主要是鱼鳃，也可以寄生在皮肤、鳍或口腔、鼻腔、膀胱等处。寄生于鱼类的种类有数百种，有些种类对鱼类的生长和生活能产生严重的危害；尤其是在鱼苗、鱼种阶段，常因某种单殖吸虫的大量寄生而引起鱼苗、鱼种大批死亡。有些种类虽不致鱼死亡，但由于单殖吸虫的寄生，会造成鱼体的生长和发育不良。

由单殖吸虫引起的鱼病及其防治方法介绍如下。

1. 指环虫病

【病原体】 在我国鱼类饲养中主要的致病指环虫有鳃片指环虫、鳙指环虫、鲢指环虫、坏鳃指环虫。

【流行情况】 这是一种常见多发病，主要靠虫卵及幼虫传播。流行于春末夏初，适宜温度为20～25℃。大量寄生时可使苗种大批死亡，主要危害鲢、鳙及草鱼；全国各养鱼地区都有发生，危害各种淡水鱼类。

【症状】 少量寄生时，没有明显症状。大量寄生时，病鱼鳃丝黏液增多，全部或部分呈苍白色，鳃丝肿胀（特别是鳙鱼更为明显），呈花鳃状，鳃盖张开，呼吸困难，病鱼游动缓慢，贫血。

【诊断】 用解剖刀刮取鳃的组织黏液，然后用显微镜观察。鉴于指环虫为鱼类鳃上常见的寄生虫，因此，在诊断时要注意鳃上寄生虫体的数量。当每片鳃上发现有50个以上的虫体，或在低倍显微镜下检查，每个视野有5～10个虫体时，就可确诊为指环虫病。

【防治方法】

1）鱼种放养前，用含量为20克/米^{3}的高锰酸钾溶液浸浴鱼种15～30分钟（水温为10～15℃）；或用含量为10克/米^{3}的高锰酸钾溶液浸浴鱼种30～60分钟，以杀死鱼种上的寄生虫。

2）水温为20～30℃时，用90%的晶体敌百虫全池遍洒，使池水为0.5～0.7克/米^3。

3）用敌百虫面碱合剂（90%的晶体敌百虫加面碱，其比例为5∶3）全池泼洒，使池水为0.16～0.24克/米^3，效果较好。

2. 三代虫病

【病原体】 在饲养鱼类中常见的病原体如下。

1）鲢三代虫：寄生于鲢鱼、鳙鱼的皮肤、鳍条、口腔和鳃丝。

2）鲩三代虫：寄生于草鱼皮肤和鳃。

3）秀丽三代虫：寄生于鲤鱼、鲫鱼和金鱼等的体表与鳃。

【流行情况】 三代虫寄生于鱼类的体表和鳃，其分布广，以湖北、广东两省最为严重；繁殖适宜水温为20℃左右，流行于每年春季和夏初，危害养殖鱼的鱼苗、鱼种。

【症状】 大量寄生时，病鱼的皮肤上有一定灰白色的黏液，鱼体失去光泽，游动极不正常；食欲减退，鱼体瘦弱，呼吸困难。幼小的鱼苗，常显现鳃丝浮肿，鳃盖难以闭合的病征。

【诊断】 在低倍显微镜下检查，每个视野有5～10个虫体时，可确诊为三代虫病。

【防治方法】 同指环虫病。

（二）复殖吸虫病

复殖吸虫种类繁多，全营寄生生活，分布很广，是鱼类常见的寄生虫。常见的复殖吸虫病有复口吸虫病、血居吸虫病、侧殖吸虫病。

1. 复口吸虫病（白内障病、双穴吸虫病）

【病原体】 双穴吸虫的尾蚴和囊蚴。我国危害较大的主要是倪氏双穴吸虫和湖北双穴吸虫。

【流行情况】 本病是一种危害较大的世界性鱼病。在我国的湖南、湖北、江苏、浙江、上海、江西、福建、广东、四川和东北等地较为流行，尤其是在鸥鸟及椎实螺较多的地区最为严重，许多经济鱼类都可受其危害。其中危害最为严重的是鲢鱼、鳙鱼、团头鲂和虹鳟鱼的鱼种，发病率高，病鱼死亡率可高达60%以上。本病流行于5~8月，8月以后一般表现为白内障症状。

【症状】 本病在鱼种阶段能引起大量死亡。病鱼在水面做跳跃式地游泳、挣扎，继而游动缓慢；有时头向下、尾朝上失去平衡，或者病鱼上下往返，急剧游动，在水中翻动。急性感染时，病鱼除运动失调外，最显著的病变为头部充血，当尾蚴移行至血管和心脏时，可造成血液循环的障碍；若从鳃部钻入的尾蚴数量很多，可立即引起鱼类死亡；如入侵的数量较少，则随着病鱼一同生长，出现病鱼眼球水晶体混浊，呈现白内障的症状；部分鱼有水晶体脱落和瞎眼现象。慢性感染时，上述症状不明显，病原体在眼睛处积累很多，虫愈多则眼睛发白的范围就越大，病鱼生长缓慢，但一般不引起死亡。

【诊断】

1）根据症状可做出初步诊断。

2）挖出病鱼眼睛，放在载玻片上用剪刀剪破后取出水晶体，剥下胶质，加1滴清水用显微镜检查，可以看到游离于水中的蠕动的白色粟米状虫体，由此便可确诊。

【防治方法】

（1）预防措施

1）枪杀和驱赶水鸟。

2）消灭虫卵、毛蚴和中间宿主——椎实螺等，如混养吃螺鱼类。

（2）治疗方法

1）每亩水深1米应施放生石灰100~150千克或茶饼50千克，用以清塘。

2）用硫酸铜全池遍洒，使池水为0.7克/米^3，以杀死椎实螺，隔天再重复泼洒1次。

3）已养鱼的池中发现有椎实螺，可在傍晚将草扎成数小捆放入池中诱捕中间宿主，于第二天清晨把草把捞出。如池中已有该病原时，应同时全池泼洒晶体敌百虫，以杀死水中的尾蚴。

2. 血居吸虫病

【病原体】 血居吸虫。

【流行情况】 本病为世界性的鱼病，在美国、东欧等地均有报道，在我国的江苏、浙江、福建、湖北等省曾发生大批死亡的病例。流行于春、夏季，我国饲养的鲢、鳙、团头鲂、鲤、鲫、金鱼、草、乌鳢等鱼都有发生，其中对鲢鱼和团头鲂的鱼苗、鱼种危害最大，几天内可引起大批死亡。

【症状】 有急性型和慢性型之分。急性型为水中尾蚴密度较高，在短期内有许多尾蚴钻入鱼苗体内，引起鱼苗跳跃、挣扎，在水中急游打转，鳃肿胀，鳃盖张开，肛门口起水泡，全身红肿，鳃及体表黏液增多，不久即死；慢性型是尾蚴少量，分散地钻入鱼体，虫在鱼的心脏和动脉球内发育为成虫，虫卵被带到肝脏、脾脏、鳃肾、肠系膜、肌肉等处，虫卵大量堆积于鳃部血管而产生堵塞，引起腹部积水、眼球突出、竖鳞，使鱼逐渐衰竭死亡。病鱼贫血，红细胞和白细胞显著下降。

【诊断】

1）将病鱼的心脏及动脉球取出，放入盛有生理盐水的培养皿内，剪开心脏及动脉球，并轻刮内壁，在光线亮的地方用肉眼仔细观察，可见成虫。

2）将病鱼的鳃、肾脏等组织压片，在显微镜下检查，如找到虫卵也可确诊。

【防治方法】 可参照复口吸虫病。

3. 侧殖吸虫病

【病原体】 病原体为日本侧殖吸虫和东方侧殖吸虫。

【流行情况】 本病为鱼苗培育阶段的一种肠道寄生虫病，对草、青、鲢、鳙、鲤、鲫、鳊、鲂等10多种鱼类均可感染，严重时可引起鱼苗的大批死亡，但未见较大鱼种死亡的病例。流行季节为5~6月，尤其是下塘后3~6天的鱼苗最易发生。我国各地都有发现，长江中下游一带分布较广。

【症状】 病鱼体色发黑，游动无力，生长停滞，闭口不食，聚集于

下风处，俗称闭口病。解剖病鱼可见肠道被虫体充满堵塞，肠内无食物，因而造成死亡。

【诊断】　解剖内脏、肠道可见虫体。

【防治方法】

1）彻底清塘，消灭螺类。

2）用晶体敌百虫泼洒，使池水为0.2克/米^3。

（三）绦虫病

绦虫属扁形动物门，身体背腹扁平。成虫多寄生在鱼类的消化道内。

1. 鲤蠢病

【病原体】　鲤蠢绦虫，中间宿主是颤蚓。

【流行情况】　在我国东北以及湖北、江西等地均有发现。主要寄生于鲫鱼及2龄以上的鲤鱼。在东欧本病多见，流行于4~8月。

【症状】　鱼轻度感染时无明显变化。严重时可见肠道被堵塞，并能引起肠道发炎和贫血，有时也可死亡。

【诊断】　剖开鱼腹，取出肠道，小心剪开，即可见寄生在肠壁上的绦虫。

【防治方法】

1）用加麻拉20克或棘蕨粉32克拌饲，一次投喂。

2）每万尾体长4.5~9.0厘米的鱼种，用南瓜子250克研成粉与500克米糠拌匀投喂，连喂3天。

3）每万尾体长4.5~6.0厘米的鱼种用槟榔500克捣碎拌料喂鱼，连喂3天。

4）每100千克鱼用90%的晶体敌百虫50克与面粉500克混合成药面，投喂，连喂3~6天，能将虫体驱除。

2. 头槽绦虫病

【病原体】　九江头槽绦虫（彩图23）。

【流行情况】　本病原是广东、广西养鱼区的地方性疾病，现已传染到不少地区，如贵州、湖北、福建、河南、江苏、东北等，寄生于草、青、鲢、鳙、鲮团头鲂等鱼的肠内。

【症状】　病鱼体重减轻，显得非常瘦弱，不摄食，体表黑色素增加，离群独游，并有恶性贫血。严重感染时，前肠第一盘曲膨大成胃囊状，直径增加3倍，肠的皱襞萎缩，表现为慢性炎症，肠道被虫体堵塞。

【诊断】　剖开鱼腹，剪开前肠扩张部位，即可见白色带状虫体聚居。

【防治方法】 参考鲤蠢病治疗方法。

3. 舌形绦虫病

【病原体】 舌状绦虫和双线绦虫的裂头蚴（彩图24）。

【流行情况】 本病分布广泛，在我国西北地区以舌状绦虫为主，其他地区则为双线绦虫。危害鲫、鲢、鳙、草、翘嘴红鲌、红鳍鲌、大银鱼、太湖短吻银鱼等鱼。本病多发生于夏季，感染率随寄主年龄增长而有所增长。

【症状】 病鱼腹部膨大，严重时失去平衡，鱼侧游上浮或腹部朝上；病鱼红细胞显著减少，严重贫血，经分析为缺铁性贫血。解剖时可见到鱼体腔中充满大量白色带状的虫体，内脏受挤压而变形萎缩，正常机能受抑制或遭破坏，引起鱼体发育受阻，鱼体消瘦，失去生殖能力。有时裂头蚴可从鱼腹部钻出，直接造成病鱼死亡。

【诊断】 根据病鱼症状可以初诊；剖开鱼腹可见腹腔内充塞着白色卷曲的虫体即可确诊。

【防治方法】 目前对大水面的鱼类患病尚无有效防治方法。在较小水体中，可用清塘方法杀灭虫卵及第一中间宿主，同时驱赶终末宿主。感染初期内服用药治疗，每100千克鱼用50克晶体敌百虫拌饲投喂3～6天，喂前先停食1天，或每100千克鱼用吡喹酮2.0～4.8克拌饲投喂2次（隔天1次）。

（四）线虫病

线虫对鱼类的危害一般不很严重，但大量寄生时可破坏器官和组织，有利于其他病菌侵害，引起继发性疾病。有些种类吸食寄主血液，夺取营养，使寄主消瘦，影响寄主生长和繁殖，以致其死亡。寄生在鱼类上的线虫种类很多，常见的线虫病有下列几种。

1. 毛细线虫病

【病原体】 毛细线虫。虫体细小，前端尖细，后端稍粗大，体表光滑，口端位，食道细长。雌虫体长4.99～10.13毫米，雄虫体长1.93～4.15毫米。

【流行情况】 毛细线虫寄生于青鱼、草鱼、鲢鱼、鳙鱼、鲮鱼及黄鳝肠道中，主要危害当年鱼种，广东、湖北等地最为流行。

【症状】 毛细线虫以其头部钻入寄主肠壁黏膜层，破坏组织，引起肠壁发炎。全长1.6～2.6厘米的鱼种，有5～8只成虫寄生时，生长即受一定影响；30～50只虫寄生时，病鱼离群分散于池边，极度消瘦，继

之死亡。

【诊断】 剪开鱼肠，用解剖刀刮下肠内含物和黏液，放在载玻片上，加少量清水，压片并用显微镜检查，可见虫体，便可做出诊断。

【防治方法】

1）先使池底晒干，再用漂白粉和生石灰彻底清塘，杀灭虫卵。

2）加强饲养管理，保证鱼有充足的饵料；同时，及时分池稀养，加快鱼种生长，可预防本病发生。

3）每100千克鱼每天用25克90%的晶体敌百虫拌饲投喂，连喂6天。

4）每100千克鱼每天用中草药600克（贯众∶土荆芥∶苏梗∶苦楝树皮=8∶3∶2∶3）煎汁拌饲投喂，连喂6天。

2. 嗜子宫线虫（红线虫）病

【病原体】 常见种类有如下几种。

1）鲫嗜子宫线虫：雌虫寄生在鲫鱼的尾鳍，雌虫长22~50毫米，雄虫长2.46~3.74毫米。

2）鲤嗜子宫线虫：雌虫寄生在鲤鳞囊内，虫体长10.0~13.5毫米；雄虫寄生于鲤鱼腹腔和鳔，虫体长3.5~4.1毫米。

3）藤本嗜子宫线虫：雌虫寄生于乌鳢等鱼的背鳍、臀鳍和尾鳍，虫长25.6~46.8毫米；雄虫寄生于鱼的鳔、腹腔，虫长2.2毫米。

雌虫一般均为血红色，两端稍细，似粗棉线；雄虫体细小如发丝，透明无色。此类线虫幼虫被剑水蚤吞食后，在剑水蚤体腔中发育；鲤鱼、鲫鱼等吞食剑水蚤而感染；幼虫再钻到鱼体腔中发育，雌虫迁移到鳞下、鳍条等处发育成熟。

【流行情况】 主要危害1龄以上的鲤鱼，全国各地均有流行。亲鲤因患本病而影响性腺发育，往往不能成熟产卵。长江流域一带一般于冬季虫体出现在鳞片下，但因虫体较小又不甚活动，所以不易被发现，到了春季水温转暖之后，虫体生长加速，从而使鱼发病。在6月之后，母体完成繁殖，鱼体表就不再有虫体。

【症状】 病鱼鳞片因虫体寄生而竖起，寄生部位发炎和充血；还往往引起细菌、水霉病继发。虫体寄生处的鳞片呈现出不规则的红紫色花纹，掀起鳞片即可见红色的虫体。

【诊断】

1）病鲤鳞片部位有凸起、发红现象，其上部有特殊的花纹，如将鳞片翻开，可见盘曲在鳞囊中的红色中心线。

2）将病鲫鳍条展开，对光用肉眼观察，可见红色的虫体，虫体在鳍条间与鳍条平行；将鳍条撕开，虫体即可暴露出来。

【防治方法】

1）用生石灰带水清塘，杀死幼虫及中间宿主；或用含量为0.2～0.5克/米^3 的晶体敌百虫全池泼洒，杀死中间宿主。

2）用2.0%～2.5%的食盐溶液浸浴病鱼10～20分钟，可以杀死鳞下和鳍间成虫。

3）用医用碘酒或1%的高锰酸钾溶液涂擦病鱼患处。

3. 鳗居线虫病

【病原体】 球体鳗居线虫及粗厚鳗居线虫。

【流行情况】 在湖北、福建、浙江、上海、江苏等地都有流行。我国曾有因此虫的寄生导致鱼死病例。

【症状】 大量寄生时可引起鳔发炎或鳔壁增厚，病鱼活动受到影响。鳗苗被大量寄生后，停止摄食，瘦弱、贫血，且可引起死亡。寄生数量很多时能刺激鳔发炎，出血，虫体充满鳔，使鳔扩大，压迫其他内脏器官及血管。当鳔扩大时，病鱼后腹部肿大或腹部不规则的肿大，腹部皮下瘀血，肛门扩大，并呈深红色。如鳔中虫体数量太多时，鳔破裂，虫体落入体腔中，也会从肛门或尿道爬出体外。

【诊断】 剪开鱼鳔，用解剖刀刮下鳔内的黏液，放在载玻片上，加少量清水，压片并用显微镜检查，可见虫体，由此便可做出诊断。

【防治方法】 宜从切断其生活史入手。为控制这种病，一般采用90%的晶体敌百虫全池遍洒，使池水为0.3～0.5克/米^3。

（五）棘头虫病

棘头虫是一类具有假体腔而无消化系统、两侧对称的蠕虫，它们寄生于脊椎动物的消化道中。常见的棘头虫有下列几种。

1. 沙市刺棘虫病

【病原体】 沙市刺棘虫。

【流行情况】 北自乌苏里江，南至湖北、江西均有此虫分布，主要危害鱼种，大量寄生时可引起病鱼在较短时间内大批死亡，如江西曾有死亡率高达95%的案例。

【症状】 病鱼消瘦，鱼体发黑，离群靠边缓游；前腹部膨大而呈球状，肠道轻度充血，呈慢性炎症。2～3厘米长的草鱼种感染2～7个虫体即可引起病害。

【诊断】 根据症状可以初诊，剖开鱼肠见白色虫体即可确诊。

【防治方法】 全池遍洒剂量为 0.7 克/米^3 的晶体敌百虫，同时将 1 千克敌百虫拌入 35 千克麸皮内投喂，连喂 9 天。

2. 长棘吻虫病

【病原体】 鲤长棘吻虫。寄生在鲤、鲃、草鱼肠道。

【流行情况】 河北曾报道因长棘吻虫大量寄生在 2 龄鲤鱼肠内（150 多只虫），引起鲤鱼大量死亡的病例。1985 年上海市崇明县某养殖场因崇明长棘吻虫寄生，引起鲤鱼夏花至成鱼大批死亡，全场 133.3 余公顷水面，感染率在 70% 以上，死亡率高达 60%，死亡一般呈慢性，每天每口池塘死鱼数尾至数十尾，持续死亡数个月，因此累计死亡率很高。夏花鲤鱼肠内寄生有 3 ~ 5 只就可引起死亡，2 龄鲤鱼最多寄生 163 只虫。

【症状】 夏花鲤鱼被 3 ~ 5 只长棘吻虫寄生时，肠壁就被胀得很薄，但肠内无食，鱼不久即死。2 龄鲤鱼被少量虫寄生时，没有明显症状，但如大量寄生时，鱼体消瘦、生长缓慢、摄食量减少，严重时可引起肠壁溃烂和穿孔。

【诊断】 根据症状，并剖开病鱼肠道，肉眼即可见到乳白色虫体，其吻部钻入肠壁组织内。

【防治方法】

1）用生石灰或漂白粉清塘，杀灭池中虫卵及中间寄主。

2）用泥浆泵吸除池底淤泥，并用水泥板做护坡，也可达到或基本达到消灭虫卵的目的。

3）发病地区，鲤鱼鱼种应在鱼种池中培育，而不套养在成鱼池中，以免感染。

4）每千克鱼每天用 0.6 毫升四氯化碳拌饲投喂，连喂 6 天进行治疗。

3. 长颈棘头虫病

【病原体】 鲷长颈棘头虫。该虫虫体为橙黄色，体长 10 ~ 20 毫米；吻钩有 11 ~ 15 纵行，每行 9 ~ 12 个。中间寄主可能是小型海产鱼类；成虫寄生于真鲷、黑鲷的消化道内，感染率最高可达 100%，大量寄生时，病鱼摄食量降低，生长不良。采取不投喂鲜活鱼而投喂冷冻或经过加工的饲料的方法进行预防。

【流行情况】 发现于中国和日本的真鲷、黑鲷，感染率一般为 70% ~ 80%。幼虫的感染期一般在 6 ~ 7 月。

【症状】 鲷长颈棘头虫寄生在真鲷直肠内，其吻刺入直肠内壁，破坏肠壁组织，引起炎症、充血或出血。病鱼食欲减退，身体消瘦，成长缓慢。

【诊断】 对瘦弱的鱼进行解剖检查，如发现直肠内有虫体，便可以诊断。

【防治方法】 尚无有效的驱虫药，投喂经过冷冻处理的鱼或配合饵料，可预防棘头虫的感染。

（六）由环节动物引起的疾病

寄生在淡水鱼类中的鱼蛭种类不多，对渔业的危害一般不大。常见的有以下两种。

1. 湖蛭病

【病原体】 中华湖蛭、哲罗湖蛭、冈湖蛭、福建湖蛭。

【流行情况】 中华湖蛭在上海、湖南、福建、江苏、安徽、山东、河南、黑龙江、吉林、辽宁等地均有，寄生在鲤鱼、鲫鱼的鳃盖内表面。通常，鲤鱼的感染率较鲫鱼高，越是大的个体感染率也越高。据安徽巢湖统计，体重在200克以下的鲤鱼感染率为40.3%，500克以上的为90.9%；体重在25克以下的鲫鱼感染率为19.1%，50克以上的为46.4%。通常每条鱼上寄生1只，也偶有寄生2~3只的。每年12月下旬至第二年6月上旬可在巢湖中的鱼体上找到，最初（气温5℃左右）蛭体细长，长7~12毫米，体色灰黑，且表面有分散的小黑点；3月上旬体长20~25毫米，体色由灰黑转为浅黄，蛭体呈椭圆形，两侧的搏动囊肉眼清晰可见；4月下旬，气温约15℃时，蛭开始离开鱼体到湖底进行繁殖；到6月上旬平均气温在21℃左右时，在鱼体上就再也找不到中华湖蛭了。

【症状】 该虫主要寄生在鲤鱼、鲫鱼的鳃盖内表面和鳃上，吸取寄主血液而引起病鱼贫血和继发性疾病，使其生长受到影响，严重时，病鱼呼吸困难和失血过多而死亡。哲罗湖蛭寄生在哲罗鱼的胸鳍上，发生在黑龙江。冈湖蛭寄生在青岛附近的黄海、秦皇岛附近的渤海中的梭鱼及一种海产硬骨鱼体上，日本东京湾的几种海产硬骨鱼上和前苏联洄游性大马哈鱼体。冈湖蛭可栖息于海水里，又能生活在淡水里，但能否长期停留在淡水里尚不清楚。福建湖蛭寄生在厦门附近南海的赤点石斑鱼鳍上。

【诊断】 肉眼可见虫体寄生在鳃盖内表面。

【防治方法】 用2.5%的食盐溶液浸浴病鱼0.5~1.0小时。

2. 尺蠖鱼蛭病

【病原体】　尺蠖鱼蛭。

【流行情况】　主要危害鲤、鲫等底层鲤科鱼类。在我国本病发病率不高，也不常见，对养鱼生产危害不大。

【症状】　鱼蛭寄生在鱼的体表鳃及口腔等处。少量寄生时对鱼的危害不大；大量寄生时，因鱼蛭在鱼体上爬行及吸血，鱼表现不安，常跳出水面，在冬季更易被看出。被破坏的病鱼体表呈现出血性溃疡，严重时则坏死；鳃被侵袭时，病鱼呼吸困难，严重时引起鱼体消瘦，生长缓慢，贫血，以致死亡。

【诊断】　肉眼可见虫体。

【防治方法】　采用2.5%的食盐溶液浸浴鱼体0.5～1.0小时，或用二氯化铜（100升水中加5克）浸浴15分钟。治疗后鱼蛭从鱼体上跌落下来，但尚未死，所以浸浴后的水不应倒入池中，应采用机械方法将鱼蛭消灭。

三、甲壳动物病

由甲壳动物寄生引起的疾病叫甲壳动物病。甲壳动物绝大多数生活在水中，多数对人类有利，可供食用（如虾、蟹等），或是鸡、鸭、鱼的饲料，农田的肥料；但也有一部分是有害的，其中有不少种类寄生在鱼类、经济甲壳动物、软体动物、两栖类等水产动物体上，影响其生长及性腺发育，严重时可引起大批死亡。寄生在水产生物体上的甲壳动物主要有桡足类、鳃尾类、蔓足类、等足类、十足类等。

（一）桡足类引起的鱼病

桡足类的身体小，广泛分布于海水、咸淡水及淡水中，是水产动物的饲料；一部分寄生在水产生物的体表、鳃及肠内，影响生长、繁殖，甚至引起死亡。桡足类的种类很多，现将危害较大及代表性的种类介绍如下。

1. 中华鳋病

【病原体】

1）大中华鳋（彩图25）：寄生在草、青、鲇、赤眼鳟、鳡、餐鲦等鱼的鳃丝末端内侧，虫体较细。

2）鲢中华鳋：寄生在鲢鱼、鳙鱼的鳃丝末端内侧或鲢鱼的鳃耙。

3）鲤中华鳋：寄生在鲤鱼、鲫鱼的鳃丝上。

【流行情况】　在我国北起黑龙江，南至广东均有发生。在长江流域一带从每年 4 月至 11 月是中华鳋的繁殖时期，本病从 5 月下旬至 9 月下旬流行最盛。大中华鳋主要危害 2 龄以上的草鱼，鲢中华鳋主要危害 2 龄以上鲢鱼、鳙鱼，严重时均可引起病鱼死亡。

【症状】 当鱼轻度感染时一般无明显病征，但当严重感染时，可引起鳃丝末端发炎、肿胀、发白。肉眼可见鳃丝末端挂着像白色蝇蛆一样的小虫。严重时病鱼显得不安，在水中跳跃，打转或狂游。食欲减退，呼吸困难，离群独游，鱼的尾鳍上叶及背鳍往往露出水面，故又叫“翘尾巴病”，最后消瘦，窒息直至死亡。

【诊断】 用镊子掀开病鱼的鳃盖，肉眼可见鳃丝末端内侧有乳白色虫体，或用剪刀将左右两边鳃完整地取出，放在培养皿内，将鳃片逐片分开，在解剖镜下观察，统计虫体数量和鉴定。

【防治方法】 生石灰彻底清塘，杀死虫卵和幼虫。

2. 锚头鳋病

锚头鳋寄生在鱼的鳃、皮肤、鳍、眼、口腔、头部等处，只有雌虫营寄生生活；锚头鳋的繁殖适宜水温为 20～25℃。我国危害较大的病原体有下列几种。

【病原体】

1）多态锚头鳋：寄生在鳙鱼、鲢鱼的体表及口腔。

2）草鱼锚头鳋：寄生在草鱼体表。

3）鲤鱼锚头鳋：寄生在鲤、鲫、鲢、鳙、乌鳢、青鱼等鱼体表、鳍及眼上。

【流行情况】 全国都有本病流行，其中尤以广东、广西和福建最为严重，感染率高，感染强度大，流行季节长，为当地主要鱼病之一。锚头鳋在水温 12～33℃时都可以繁殖，故本病主要流行于热天。对淡水鱼类各龄鱼都可危害，其中尤以鱼种受害最大，当有 4～5 只虫寄生时，即能引起病鱼死亡；虽对 2 龄以上的鱼一般不引起大量死亡，但影响鱼体生长、繁殖及商品价值。对鳗鱼主要危害体重 100 克以上的，寄生在鳗鱼的口腔内，严重时鱼因不能摄食而饿死。

【症状】 病鱼最初呈现不安，食欲减退，继而身体消瘦，游动迟缓。锚头鳋以其头角和一部分胸部深深地钻入寄主肌肉组织中或鳞片下面，但其胸部的大部分和腹部露在外面，虫体上常附生一些原生动物，如累枝虫、钟形虫等。有时还有藻类和霉菌附生，肉眼观察很像一个个浅黄色绒球，鱼体上好似披着蓑衣，故渔民又称其为“蓑衣病”。在虫

体寄生处，可引起周围组织红肿、发炎及慢性增生性炎症。

【诊断】 肉眼可见病鱼体表有一根根似针状的虫体，即是锚头鳋的成虫。草鱼和鲤鱼锚头鳋寄生在鳞片下，检查时仔细观察鳞片腹面或用镊子取掉鳞片即可看到虫体。

【防治方法】

1）根据病原体对寄主有选择性的特点，可采用轮养方法进行预防。

2）晶体敌百虫（或硫酸铜）和硫酸亚铁合剂（两者的比例为5:2）全池遍洒，一般使池水为0.7克/米^3，治疗效果良好。

3）全池遍洒90%的晶体敌百虫，使池水为0.5～0.7克/米^3，可杀死池中锚头鳋的幼体，根据锚头鳋的寿命和特点需连续泼洒2～3次，每次间隔7天。

4）用高锰酸钾溶液浸浴，水温15～20℃时用药剂量为20克/米^3；水温21～30℃时用药剂量为10克/米^3，浸浴时间为1.0～1.5小时。

5）用百部150克碾粉加白酒250克浸浴24小时，用药液拌饲投喂，可使锚头鳋脱落死亡。

6）利用锚头鳋病的病后鱼体获得免疫力，免疫期可持续1年以上。采用人工方法使鱼种获得免疫力后，再放入大水面饲养，以控制大面积水体中锚头鳋病的发生（大面积水体发生锚头鳋病后，用药物治疗有一定困难），是一条值得探讨的途径。

3. 新鳋病

【病原体】 日本新鳋。

【流行情况】 寄生在青、草、鲤、鲫、鳙、鲢、鳜、鲇等鱼的鳍、鳃耙、鳃丝和鼻腔。在湖北武汉、广东连州市曾因本病而引起草鱼种死亡，1977年在上海郊区青浦区发现本病引起青鱼鱼种大量死亡的病例。

【症状】 寄生在池塘养殖的各种淡水鱼的鳃、鳍、鼻腔内。少量寄生时不出现症状；大量寄生时，常常引起“浮头”现象，引起当年鱼种死亡。

【诊断】 肉眼可见。

【防治方法】 同中华鳋病。

4. 狭腹鳋病

【病原体】 狭腹鳋。我国常见的有两种。

1）鲫狭腹鳋：寄生在鲫鱼鳃上。

2）中华狭腹鳋：寄生在乌鳢和月鳢的鳃上。

【流行情况】 中华狭腹鳋在我国从南至北都有发现，鲫狭腹鳋至今仅在长江中、下游发现。长江流域狭腹鳋的产卵季节为4~11月。中华狭腹鳋对乌鳢的感染率及感染强度均不低，但由于过去饲养乌鳢很少，故其危害性尚不清楚。

【症状】 病鱼鳃部肿胀，呼吸困难。

【诊断】 肉眼可见。

【防治方法】 同中华鳋病。

（二）由鳃尾类引起的鱼病

鳃尾类营寄生生活，能分泌毒液。危害鱼类的主要是鲺，由此引起的鲺病的主要特点如下。

【病原体】 我国发现的有十几种，常见的有：

1）日本鲺：寄生于草、青、鲢、鳙、鲤等鱼的体表和鳃上。

2）喻氏鲺：寄生于青、鲤等鱼的体表和口腔。

3）大鲺：寄生于草、鲢、鳙等鱼的体表。

4）椭圆尾鲺：寄生于鲤、草等鱼的体表。

5）白鲑鲺：寄生于青鱼等的体表及口腔。

【流行情况】 鲺病国内外都很流行，淡水鱼、咸水鱼及咸淡水鱼均可受害。我国从南到北都可发生，尤以广东、广西和福建最为严重，一年四季都可发生，常引起鱼种大批死亡。温暖的南方，鲺整年都可产卵孵化（水温在16~30℃）；江、浙一带流行于4~10月。鲺可从任意一个寄主转移到另一寄主体上；也可随水流、工具等而传播，且鲺的卵是附着在池中各种物体上，故极易随水流、动物或人为的携带而传播。鲺对寄主的年龄无严格的选择性，不过对1足龄以上的鱼主要是妨碍其生长，一般不致死；但也有个别的病例，如1955年浙江上余县的20亩水面，曾因鲺大量寄生而引起2~3龄的鱼大量死亡。对体长3.3~6.6厘米长的鱼种，仅被3~4只鲺寄生时，于次日即死（水温为28~30℃）。

【症状】 鲺的腹面有许多倒刺，寄生在鱼体表面（彩图26、彩图27），或在鱼体上不断爬行时，再加上口刺的刺伤，大颚撕破体表，会使鱼体形成很多伤口而出血。病鱼呈现极度不安，在水中狂游或跳跃，严重时会影响食欲，导致鱼体消瘦，常引起幼鱼死亡。

【诊断】 鲺个体较大，肉眼可见，但当它吸附在鱼体上时，因其颜色与鱼的体色相似，易被忽略。检查时，可将病鱼放在盛水的白瓷盘内，这样有的鲺会暂时脱离鱼体落到水中，便可以清楚地观察到虫体在水中

游动。

【防治方法】

1）全池泼洒90%的晶体敌百虫，使池水为0.5～0.7克/米^3。

2）每亩水深1米用百部2千克切片，加水5～7千克煮沸10～15分钟，兑水全池泼洒。

（三）等足类引起的鱼病

等足类是较大的甲壳动物，寄生在淡水鱼上的等足类主要是鱼怪，由此引起的鱼怪病的主要特点如下。

【病原体】　日本鱼怪。成虫寄生于鱼的体腔，幼虫寄生于鱼的皮肤、鳃。

【流行情况】　鱼怪病在云南、山东、河北、江苏、浙江、上海、黑龙江、天津、四川、安徽、湖北、湖南等地的水域内均有发现，且多见于湖泊、河流、水库，池塘中极少发生，其中尤以黑龙江、云南、山东最为严重。主要危害鲫鱼和雅罗鱼，鲤鱼体上也有寄生。1954年云南昆明湖鲫鱼的感染率高达70%，1963年山东微山湖鲫鱼的感染率在30%以上，1979年黑龙江龙凤山水库圆腹雅罗鱼的感染率高达50%。

【症状】　病鱼身体瘦弱，生长缓慢，严重影响性腺发育。若鱼苗被1只鱼怪幼虫寄生，鱼体就失去平衡，很快死亡。若3～4只鱼怪幼虫寄生在夏花鱼种的体表和鳃上，可引起鱼焦躁不安，表皮破损，体表充血，尤以胸鳍基部为甚，第二天即会死亡。

【诊断】　将病鱼腹部朝上，小心地剪开胸鳍基部的孔口，就可看到寄生囊内的鱼怪，有1对雌、雄虫体或1只雌虫。

【防治方法】　鱼怪病一般都发生在比较大的水面，如水库、湖泊、河流，池塘内极少发生；鱼怪的成虫具有很强的生命力，而它又寄生于寄主体腔的寄生囊内，所以它的耐药性比寄主强，在大面积水域中杀灭鱼怪成虫非常困难；但在鱼怪的生活史中，释放于水中的第二期幼虫是一个薄弱环节，杀灭了第二期幼虫，就破坏了它的生活周期，从而切断了传播途径，这是防治鱼怪病的有效方法。

1）网箱养鱼时，在鱼怪产幼虫的高峰期，选择无风浪的天气，在网箱内挂90%的晶体敌百虫药袋，每次用量按网箱的水体积计算，每立方米水体1.5克敌百虫，可杀灭网箱中的全部鱼怪幼虫。

2）鱼怪幼虫有强烈的趋光性，大部分都分布在离岸边30厘米以内的一条狭水带中。所以可在鱼怪产幼虫的高峰期，选择无风浪的天气，在沿岸30厘米宽的浅水中洒晶体敌百虫，使沿岸水为0.5克/米^3，每隔3~4天洒药1次，这样经过几年之后可基本上消灭鱼怪。

3）患鱼怪病的雅罗鱼，完全丧失生殖能力，所以在雅罗鱼繁殖季节，到水库上游产卵的都是健康鱼，而留在下游的雅罗鱼有90%以上都患有鱼怪病。因此在雅罗鱼繁殖季一方面应当保护上游产卵的亲鱼，以达到自然增殖资源的目的；另一方面则可大大增加下游雅罗鱼的捕捞力度，降低患鱼怪病的雅罗鱼比例，减少鱼怪病的传播者。

4）在鱼怪产幼虫的高峰期，于网箱周围用网大量捕捉鲫鱼和雅罗鱼，以减少网箱周围水体中鱼怪幼虫的密度。

四、由软体动物引起的疾病

由软体动物引起的鱼类疾病中常见的有钩介幼虫病，其特点如下。

【病原体】 钩介幼虫（彩图28）是淡水双壳类软体动物河蚌的幼虫。钩介幼虫寄生在鱼的鳃、嘴、鳍和皮肤上，吸取鱼体营养，在鱼体上进行变态；当钩介幼虫完成变态后，就从鱼体上脱落下来，这时的虫体称为幼蚌。钩介幼虫在鱼体上寄生时间的长短，和水温高低有关。当水温在18~19℃时，幼虫在鱼体上寄生16~18天；当水温在8~10℃时，则需70~80天。

【流行情况】 本病流行于春末夏初，每年在鱼苗和夏花饲养期间，正是钩介幼虫离开母蚌，悬浮于水中的时候，故在此时常出现钩介幼虫病。钩介幼虫对各种鱼都能寄生，其中主要危害草鱼、青鱼等生活在较下层的鱼类。近年来河蚌育珠工作大量开展，如不加注意，就易流行本病。

【症状】 钩介幼虫用足丝黏附在鱼体上，鱼体受到刺激，引起周围组织发炎、增生，逐渐将幼虫包在里面，形成胞囊。病鱼离群独游，行动缓慢。严重时可引起病鱼头部出现红头白嘴现象，因此被称为“红头白嘴病”。

【诊断】 用肉眼可以看到病鱼的皮肤、鳍、鳃上有许多白色小点，即为该虫。用显微镜检查，就可以清楚地看到寄生的钩介幼虫。

【防治方法】

1）用生石灰彻底清塘。每亩用40~50千克茶饼（即每平方米用60~75克）清塘，也可杀灭蚌类。

2）鱼苗及夏花培育池内决不能混养蚌，进水须经过过滤（尤其是

在进行河蚌育珠的单位及其附近)，以免钩介幼虫随水带入鱼池。

3）发病早期，将病鱼移到没有蚌及钩介幼虫的池中，可使病情逐渐好转。

第五节 非寄生性疾病

凡由机械、物理、化学及非寄生性生物所引起的疾病，称为非寄生性疾病。上述这些病因中有的单独引起水产动物发病，有的是多个因素互相依赖、相互制约地共同刺激水产生物有机体，当这些刺激达到一定强度时就引起水产生物发病，造成养殖业的巨大损失。此外，还有一些危害很大、至今尚未完全查明病因的疾病也在此进行简单介绍，有利于尽快查明病因，找到有效的防治方法。

一、机械性损伤

当水产生物受到严重的机械损伤，即可大量死亡。有时虽损伤得并不厉害，但因损伤后继发微生物或寄生虫病，也可引起大批死亡。机械性损伤的原因主要有以下几类。

1. 压伤

当压力长时期地加在水产生物某一局部时，导致该部分组织萎缩、坏死。如在寒冷地区，越冬池中的鲤鱼常在胸鳍基部，有时也在腹鳍基部形成溃疡，这是由于越冬的鲤鱼用胸鳍和腹鳍的基部作支点靠在池底，长期受体重压迫，使该部分皮肤坏死，严重时肌肉也出现坏死。这种现象常出现在消瘦或生长在底质坚硬的池塘中的水产生物。

2. 碰伤或擦伤

在捕捞、运输和饲养过程中，常因使用的工具不合适，或操作不慎而给水产生物带来不同程度的损伤。除了碰掉鳞片，折断鳍条、附肢，擦伤皮肤、外骨骼、贝壳以外，还可以引起肌肉深处的创伤。

3. 强烈的震动

炸弹在水中爆炸时的震动，运输时强烈和长期的摆动，都会破坏水产生物神经系统的活动，使水产生物呈麻痹状态，失去正常的活动能力而仰卧或侧游在水面。如果刺激不很严重，则在刺激解除后，水产生物仍可恢复正常的活动能力。一般大个体对震动的反应较幼小的个体为强，因此在运输时以苗种为宜。

【防治方法】 水产生物受伤后不能像人或家畜那样敷药后用纱布包

扎，以免病原体侵入等，因此水产生物受伤后的治疗较困难，更需要以预防为主。主要方法有改进渔具和容器，尽量减少捕捞和搬运，在必须捕捞和运输时应小心对待，并选择适当的时间；越冬池的底质不宜过硬，在越冬前应加强肥育。在人工繁殖过程中，因注射或操作不慎引起的损伤，可在损伤处涂鱼泰8号，受伤较严重的须肌内注射链霉素。

二、水质不良引起的病害

1. 弯体病（畸形病）

【病因】 这种病大多发生于新鱼塘中的鱼苗和鱼种。其原因有以下3个方面。

1）由于池水中含有重金属盐类，刺激鱼的神经和肌肉收缩所致。土壤中的重金属盐类含量虽然微小，但很普遍，久经养鱼的鱼塘，其金属盐类大部分已溶解，含量极微，一般不会引起弯体病。

2）缺乏某种营养物质，如钙和维生素C等而产生畸形。有时因寄生虫寄生（如黏孢子虫等）也会得本病。

3）胚胎发育时孵化条件不良或鱼苗阶段受机械损伤，都会促使鱼体弯曲变形。

【流行情况】 弯体病在江苏、浙江、湖北、山东、福建等地区新建的养鱼场都曾有出现，主要危害鱼苗和鱼种。草鱼、鲢鱼、鳙鱼和鲤鱼都可以发生本病。

【症状】 病鱼身体弯曲，呈“S”形，有时身体弯曲成2～3个屈曲，有时只是尾部弯曲，鳃盖凹陷或上下颌和鳍条等都出现畸形。病鱼发育缓慢、消瘦，严重时引起死亡。

【诊断】 诊断本病时先确定是否有复口吸虫及黏孢子虫寄生于眼球及脑部。如排除以上两个因素再分析鱼池水质情况及饲料情况进行确诊。

【防治方法】

1）新开鱼塘，最好先养1～2龄成鱼，以后再放养鱼苗或鱼种，因为成鱼一般不患本病。

2）发病的鱼塘要经常换水，改良水质；同时要投喂营养丰富的饲料。

2. 窒息（泛池）

【病因】 窒息又名泛池。养殖生物和其他动物一样，需要氧气，且不同种类、不同年龄及不同季节对氧的要求都各不相同。当水中含氧量

较低时，会引起养殖生物到水面呼吸，被称为“浮头”；当含氧量低于其最低限度时，就会引起养殖生物窒息死亡。草、青、鲢、鳙等鱼，通常在水中含氧量为1毫克/升时开始“浮头”，当含氧量低于0.4～0.6毫克/升时，就窒息死亡；鲤鱼、鲫鱼的窒息点为0.1～0.4毫克/升。鲫鱼的窒息点比鲤鱼要稍低些；鳊鱼的窒息点为0.4～0.5毫克/升。在冬季，北方越冬池内一般因鱼较密集，水表面又结有一层厚冰，池水与空气隔绝，已溶解在水中的氧气因不断消耗而减少，这样很易引起窒息；且因池底缺氧，有机物分解产生的有毒气体（如沼气、硫化氢、氨等）也不易从水中放出，这些有毒气体的毒害，加速了养殖生物的死亡。在夏季，窒息现象也常发生，尤其在久打雷而不下雨时，因下雷雨前的气压很低，水中溶氧量减少而引起窒息；如仅下短暂的雷雨，池水的温度表层低、底层高，引起水对流，使池底的腐殖质翻起，加速分解而消耗大量氧气，使养殖生物大批窒息死亡。在夏季黎明之前也常发生泛池，尤其在水中腐殖质积聚过多和藻类繁殖过多的情况下。一方面腐殖质分解时要消耗水中大量氧气，另一方面藻类在晚上进行呼吸作用，和动物一样也要消耗大量氧气，因此，在黎明之前，水中溶氧量为一天中溶氧量最低的时候，一天内水中溶氧量可相差数十倍。

【症状】　由于水中缺氧，出现鱼浮水面呼吸。若发现鱼在池中狂游乱窜、横卧水中的现象，说明池水严重缺氧。一般泛池时的鱼类“浮头”、狂游的先后顺序是鲢鱼、草鱼、鳙鱼、鲮鱼、鲤鱼和鲫鱼；死鱼以鲢鱼和草鱼最为严重。

【诊断】　清晨巡塘时，发现鱼浮于水面，用口呼吸空气，说明池中溶氧量已不足；若太阳出现后，鱼仍不下沉，说明池中严重缺氧。这时最好用水质测试盒对池水进行检测。

【防治方法】

1）在冬季干塘时，应除去塘底过多淤泥。

2）采用施肥养殖时，应施发酵过的有机肥，且应根据气候、水质等情况，掌握施肥量，不使水质过肥，同时在夏季一般以施无机肥为好。

3）投饲应掌握“四定”原则，残饲应及时捞除。

4）掌握放养密度及搭配比例。

5）越冬池及时扫除积雪，当水面结有一层厚冰时，可在冰上打几个洞。

6）在闷热的夏天，应减少投饲量，并加注清水，在中午开动增氧机，还掉水中的氧债，必要时晚上也要开动增氧机，加强巡塘工作。

7）发现有“浮头”现象，应及时灌注清水，开动增氧机或送气。

8）日本用脒基硫脲作为鱼类窒息的防止剂，每千克鱼注射50~100毫克，或向鱼体表喷洒和向鱼的口、鳃内喷入50~200克/米^{3}的溶液，或水温22℃时将鱼放在1/10 000的溶液中药浴2.5小时，或添加脒基硫脲于饲料中喂鱼，均可增强鱼的抗窒息能力。

3. 气泡病

【病因】 水中某些气体过饱和，都可引起鱼类气泡病，主要危害幼苗。鱼的肠道出现较多气泡或体表、鳃上附着许多气泡，使鱼体上浮或游动失去平衡，严重时可引起大量死亡。气泡病在很多情况下都能发生，如水温31℃时，水中溶氧量达14.4克/米^3（饱和度为192%），体长0.9~1.0厘米的鱼苗易发生气泡病；而体长1.4~1.5厘米的鱼苗，水中含氧量达24.4克/米^3（饱和度为325%）时，才发生气泡病。引起水中某种气体过饱和的原因很多，常见的有：

1）水中浮游植物过多，在强烈阳光照射的中午，水温高，藻类光合作用旺盛，可引起水中溶氧过饱和。

2）池塘中施放过多未经发酵的肥料，肥料在池底不断分解，消耗大量氧气，在缺氧情况下，分解放出很多小的甲烷、硫化氢气泡，鱼苗误将小气泡当浮游生物而吞入，引起气泡病，这种危害比氧过饱和大，因这些气体有毒，同时水产生物体内的氧又可被逐渐消耗。

3）有些地下水含氮过饱和，或地下有沼气，也可引起气泡病，这些比氧过饱和的危害更大。

4）在运输途中，人工送气过多；或抽水机的进水管有破损时，吸入了空气；或水流经过拦水坝成为瀑布，落入深水潭中，将空气卷入，均可使水成为气体过饱和。

5）水温高时，水中溶解气体的饱和量低，所以当水温升高时，水中原有溶解气体，就变成过饱和而引发气泡病。如1973年4月9日，美国马萨诸塞的一个发电厂排出废水，使下游的水量上升，引起气体过饱和，大量鲱鱼患气泡病而死。在工厂的热排水中，有时本身也气体过饱和，即当水源溶解气体饱和或接近饱和时，经过工厂的冷却系统后，再升温就变为饱和或过饱和。

6）在北方冰封期间，水库的水浅、水清瘦、水草丛生，而水草在冰下营光合作用，可引起氧气过饱和，引起几十千克重的大鱼患气泡病

而死，这在大连、辽宁均有发生。

【流行情况】 夏秋季是本病的流行季节，鱼苗最易患本病，随着鱼苗的长大，发病率逐渐减少。鳊鱼对氧气饱和度最敏感，草鱼次之，鲢、鳙、鲤、鲫等鱼敏感性低。

【症状】 发病鱼苗浮于水面，随着水泡的增多而失去自由游动的能力，身体失去平衡，尾部向上，头部朝下，时而做挣扎状游动，时而在水面打转，最终因体力的耗尽而死亡。

【诊断】 当发现鱼苗浮于水面做不正常地游动时，取几尾病鱼解剖，取出肠道，可见肠内充满气泡。镜检鳃、鳍及内脏血管时，也可看到血管内有大量的气泡。

【防治方法】 发现气泡病，每亩水深1米用4~6千克食盐，全池泼洒或直接冲入新水，同时排除部分池水。

三、温度变化引起的病害

1. 感冒

【病因】 鱼是变温动物，其体温随着水温的变化而改变，一般与水温仅相差0.1℃左右。但当水温急剧改变时，会引起鱼体内部器官活动的失调而发生感冒。如鲤鱼种在水温突变12~15℃时就出现休克状态；将鳊鱼、鲫鱼、鲤鱼从21℃移到1~2℃的水中，3小时便死亡。

【流行情况】 将鱼从一个水体转移到另一水体时，两个水体温度相差太大，就能暴发本病。

【症状】 皮肤失去原有光泽，运动失常，严重时可使鱼死亡。

【诊断】 根据症状做出初步诊断。

【防治方法】 将鱼从一个水体转移到另一水体时，两个水体温度不要相差太大，一般鱼苗不能超过2℃；2龄以上的鱼不能超过5℃。已发病的鱼，应立即设法调节水温，或转移至适宜水温的水体中。

2. 冻伤

【病因】 水温的变化，会严重影响到鱼类的生理机能。当水温很低时，鱼会被冻伤，严重的可引起死亡。当水温下降到1℃时，鱼类一般会进入麻痹状态；水温降到0.5℃，草鱼、鲢鱼、镜鲤即会冻死。罗非鱼在水温11℃的淡水中会发生低温昏迷，甚至死亡。

【流行情况】 越冬期的鱼容易暴发本病，尤其是温水性鱼类更容易受低温危害。

【症状】 冻伤的鱼体为暗淡色或皮肤坏死、脱落，有的鱼类鳃丝末端肿胀，鱼侧卧于水面，失去游动能力。

【诊断】 根据天气情况和症状做出初步诊断。

【防治方法】 主要做好防寒工作，冬季要多投喂一些富含脂肪的饲料，如豆饼、菜籽饼等，加深池水，以增加鱼的抗寒能力。越冬的罗非鱼，要提高水温，或加入食盐，使池中食盐的含量达到0.5%~0.8%，可避免冻伤。

四、食物缺乏引起的病害

1. 跑马病

【病因】 本病常发生在鱼苗饲养阶段。阴雨天气多时，水温低，池水不肥，当鱼苗经 10~15 天饲养后，池中缺乏鱼苗的适口饲料而引发本病。

【流行情况】 鱼苗阶段的养殖鱼类容易暴发本病。

【症状】 病鱼成群围绕鱼池边长时间狂游不停，像跑马一样。由于过分消耗体力，使鱼体消瘦，最终体力耗尽而死亡。

【诊断】 根据症状做出初步诊断。

【防治方法】 鱼苗的放养不能过密（如密度较大，应增加投饲量），鱼池不能漏水，鱼苗在饲养 10 天后，应投喂一些豆饼浆、豆渣等适口的饵料。发生跑马病后，应及时进行镜检，如果不是由大量车轮虫寄生引起的跑马病，用芦席从池边隔断鱼苗群游的路线，并投喂豆渣、豆饼浆、米糠或蚕蛹粉等鱼苗喜吃的饲料，不久即可停止。也可将鱼池中的草鱼、青鱼分养到已培养了大量大型浮游动物的池塘中。

2. 萎瘪病

【病因】 主要是由于鱼苗或鱼种放养过密，饲料不足，致使部分鱼得不到足够的食料而萎瘪致死。

【流行情况】 主要危害鱼苗阶段的养殖鱼类。常发生于越冬池。

【症状】 病鱼体发黑、消瘦、背似刀刃，鱼体两侧肋骨可数，头大身小，病鱼往往在池边缓慢游动，病鱼鳃丝苍白，呈严重贫血现象，不久即死亡。

【诊断】 根据症状做出初步诊断。

【防治方法】 掌握鱼类放养密度，加强饲养管理，投放足够的饲料；越冬前更要使鱼吃饱长好，尽量缩短越冬期停止投饲的时间。当发

现鱼患萎瘪病时，应立即采取措施，如增加营养等，在疾病早期可使鱼体恢复健康。

3. 营养不良

在高度密养的情况下，天然饲料很少，人工饲料的配制就必须具备营养全面，才能使水产生物健康、迅速地生长。最适合的饲料应含有蛋白质、脂肪、糖类、矿物质和维生素等营养成分，且要搭配适当，才能使水产生物生长迅速、饲料系数低，不然，某种营养成分缺乏或过多，不仅会影响鱼的生长，且饲料系数高，造成浪费，严重时更能引起养殖生物生病而死。

（1）由蛋白质不足、过多或所含必需氨基酸不完全、配比不合理所引起的疾病　蛋白质是养殖生物生长最重要的物质，氨基酸是构成体蛋白质的基本物质。足量的蛋白质，且各种氨基酸搭配合适，可加速养殖生物的生长。不同种类、不同年龄、不同环境条件下，鱼类对饲料蛋白质的利用率不同。

斑点叉尾鮰对蛋白质的需要量比温血动物高很多，在高度密养的情况下，饲料中蛋白质含量应不低于40%，否则水产生物生长缓慢；饲料中蛋白质含量为25%时，水产生物增重仅为摄入含蛋白质为40%的饲料总重的12.8%；当蛋白质仅含10%时，实际上造成蛋白质摄入量不足。斑点叉尾鮰小鱼吃的饲料中缺乏精氨酸、组氨酸、亮氨酸、异亮氨酸、赖氨酸、蛋氨酸、苯丙氨酸、苏氨酸、色氨酸及缬氨酸时，生长缓慢，其中赖氨酸最少含量应不低于1.25%。

鲤鱼在缺乏维生素及氨基酸时会引起鱼的体质恶化，平衡失调，脊柱弯曲，严重影响肝胰组织。当饲料中不含蛋白质时，鳗鲡鱼明显减重；饲料中含蛋白质8.9%时，出现轻微减重；饲料中蛋白质超过13.4%时，鱼体增重；超过44.5%时，鱼的生长和蛋白积累量几乎不变，并在一定程度上有阻碍作用。

如果饲料中各种氨基酸含量不平衡或饲料中蛋白质含量过多，不但不经济，而且在一定程度上是有害的。虽然鱼类有通过脱氨基和排泄氨的作用，处理除生长和维持生命等需要之外的过剩蛋白质的能力，但这是有限的，多余部分主要以尿的形式排至水中。在高度密养的情况下，尿在水中的积累是限制生产力的主要因素。

（2）由糖类不足或过多所引起的疾病　糖类是一种廉价热源，每千克糖类氧化时可释放16.75千焦的能量，可起到节约蛋白质的作用；同时糖类也是构成机体组织的成分之一，如细胞核中的核糖，脑及神经组织中的糖脂等。养殖生物对各种糖的利用率不一样，单糖利用最好，其次是双糖、简单的多糖、糊精、烧熟淀粉和粗淀粉。

养殖生物由于品种不同对糖类的利用情况和需要量不同。鳟鱼对纤维素的消化率低于10%，对其他糖类的消化率为20%～40%，饲料中粗纤维的含量应不超过10%，以5%～6%为最好；其他糖类的最高限度为30%，其中可消化部分应低于10%。饲料中糖类的含量过高，将引起养殖生物内脏脂肪积累，妨碍正常的机能，引起肝脏肿大、脂肪浸润，大量积聚肝糖，色泽变淡，死亡率增加。如果在饲料中添加适量维生素，即使糖类含量高达50%，虹鳟的肝脏也无异常。

（3）由脂肪不足和变质所引起的疾病 脂肪是脂肪酸和能量的主要来源。鳟鱼饲料中脂肪的最适量为饲料的5%左右；虹鳟饲料中缺乏必需脂肪酸，则生长不良，发生烂鳍病。养殖生物饲料中的脂肪应是低熔点的，在低温下容易消化；温血动物的脂肪不能使用，因这类脂肪的熔点高，不易消化，如果长期使用这种脂肪，容易患脂肪性肝病。

脂肪氧化产生的醛、酮、酸有毒，鲤鱼吃1个月后，患背瘦病，肌纤维萎缩、坏死，严重时死亡；虹鳟吃后，引起肝脏发黄、贫血。脂肪是很易氧化的物质，一般原料成分中的脂肪必须事先抽提，用时再加入。为了防止脂肪氧化产生的毒性，在饲料中需加入足够量的维生素E。

（4）缺乏维生素引起的疾病 一种好的饲料应含有维生素A、维生素D、维生素E、维生素K、维生素B_1、维生素B_2、维生素B_6、维生素B_{12}、维生素H、维生素C、烟酸、叶酸、泛酸、胆碱、对氨苯甲酸、肌醇等。鱼对维生素缺乏的反应较小的温血动物要慢，能较长时间在饲料中完全没有维生素的情况下生存，在这种情况下饲养一个半月后生长停止。3个月后体重开始下降，突眼、虹膜周围充血、耗氧量降低、抵抗力下降，最后死亡。

饲料中缺乏维生素B时，鲤鱼的食欲显著降低，可降至正常摄食量的1/5～1/4，与温血动物一样，食物的消化和吸收被破坏、耗氧量显著降低，生长明显缓慢，还可引起该鱼体痉挛、腹腔积水、眼球突出；缺乏泛酸、肌醇、烟酸，可引起该鱼食欲不振、生长缓慢及表皮出血；缺乏胆碱可引起该鱼食欲不振、生长减慢，肝胰脏的脂肪增加，形成脂肪肝。

缺乏维生素B_1、维生素B_2及泛酸，可引起鳗鲡食欲不振，生长减

慢，运动失调，皮肤出血；缺乏维生素 B_2，会导致鳗鲡畏光；缺乏维生素 B_6，鳗鲡发生痉挛，食欲不振，生长减慢。当缺乏维生素 B_2时，可引起大鳞大马哈鱼食欲不振，生长减慢，死亡率升高，眼球水晶体混浊，眼出血，畏光，视觉模糊，不对称，体色发暗；当缺乏维生素 B_6时，可引起该鱼食欲不振，生长减慢，死亡率升高，神经错乱，痉挛，运动失调，贫血，腹腔积水，呼吸加快，鳃盖柔软变形；缺乏肌醇、烟酸，可引起该鱼食欲不振，生长减慢，痉挛。

饲料中缺乏维生素 A 时，鱼的食欲显著下降，吸收及同化作用被破坏，色素减退，生长缓慢。食蚊鱼吃含维生素 D 的饲料，比吃不含维生素 D 的饲料，生长快，性成熟较早。当饲料中缺乏维生素 C 时，斑点叉尾鮰长得慢，饲料系数高，45%的鱼发生畸形，沿脊椎有内出血区；银大马哈鱼及虹鳟饲料维生素过低时，鳃丝发生弯曲；当缺乏维生素 C 时，鳗鲡食欲不振，生长减慢，鳍、皮肤及头部出血；鲤鱼可合成部分维生素 C，但对鱼的迅速生长的需要量而言是不够的。

（5）缺乏矿物质引起的疾病　矿物质不仅是构成养殖生物组织的重要成分，而且是酶系统的重要催化剂，其生理功能是多方面的，可促进生长，提高对营养物的利用率，在维持细胞的渗透压方面也起着重要的作用，钙、磷、镁、铁、铜、锰、锌、钴、铝、碘等都是需要的矿物质。养殖生物能吸收溶解在水中的矿物质，但仅靠水中吸收的一些矿物质远不能满足机体需要，因此饲料中必须含有足够的矿物质。

一般水中含钙量较高，故饲料中不加钙，对生长影响不大；而磷在饲料中含量应稍高于0.4%，否则养殖动物生长缓慢。鲤鱼缺乏磷，可引起脊柱弯曲症。当虹鳟和红点鲑缺乏碘化钾时，引起典型的甲状腺瘤，如果及时投以足够的碘化物，瘤可缩小。饲料中缺锌时，虹鳟生长缓慢，死亡率增加，鳍和皮肤发生糜烂，眼睛发生白内障。

五、其他生物因素引起的病害

1. 青泥苔

【病因】　青泥苔系丝状绿藻水绵、双星藻和转板藻的总称。春季随水温的逐渐上升，青泥苔在池塘浅水处萌发，长成一缕缕绿色丝附着池底或像网一样悬浮在水中，衰老时变成黄绿色，漂浮于水面，形成一团团乱丝。鱼苗和夏花鱼种往往游进青泥苔丛中被缠住游不出来而死亡。同时由于青泥苔的大量繁殖，消耗水中的养料，使水质变瘦，影响鱼的生长。它主要危害鱼苗和鱼种。发生期为5~9月。

【防治方法】

1）用生石灰清塘，可以杀灭青泥苔。

2）在有青泥苔的鱼池，泼洒硫酸铜，使池水为0.7克/米^3。主要泼洒在青泥苔集中的区域。

3）将生石灰研成粉末撒在长青泥苔的区域，在生石灰与水发生化学反应产生强碱时释放热量，在高温下，青泥苔很快会发白死亡。

4）用马尾松叶汁杀青泥苔。每亩水深1米用新鲜马尾松20千克，浸泡后，磨碎加水制成浆汁25千克，全池泼洒。每天1次，连泼2~3天。

2. 湖靛

【病因】池中微囊藻，主要是铜绿微囊藻及水花微囊藻大量繁殖，在水面形成一层翠绿色的水华，江、浙一带称之为“湖靛”，广东、广西称之为“耗”，福建称之为“铜绿水”。微囊藻大量繁殖，在其死后，蛋白质分解产生氨气、硫化氢等有毒物质，不仅能毒死水产生物，也能毒死饮了这种水的牛羊。微囊藻喜生长在温度较高（10~40℃，最适温度为28.8~30.5℃）、碱性较高（pH 8.0~9.5）及富营养化的水中。

【症状】在白天蓝藻进行光合作用时，水体pH可上升到10左右，此时可使鱼体硫胺素酶活性增加，在硫胺素酶作用下，维生素B_1迅速发酵分解，使鱼缺乏维生素B_1，导致中枢神经和末梢神经系统失灵，兴奋性增加，急剧活动，痉挛，身体失去平衡。

【诊断方法】根据急剧活动、痉挛、身体失去平衡等症状可做出诊断。

【防治方法】

1）池塘进行清淤消毒。

2）掌握投饲量，经常加注清水，不使水中有机质含量过高，调节好水的pH，可控制微囊藻的繁殖。

3）当微囊藻已大量繁殖时，可全池遍洒剂量为0.7克/米^{3}的硫酸铜或硫酸铜与硫酸亚铁合剂（5∶2）0.7克/米^3，洒药后应开动增氧机，或在第二天清晨酌情加注清水，以防鱼“浮头”。

4）在清晨藻体上浮集聚时，撒生石灰粉，连续2~3次，可将藻体基本杀死。

3. 金藻

【病因】由三毛金藻（又叫土栖藻）大量生长繁殖引起。由于水中

三毛金藻大量繁殖，产生大量鱼毒素、细胞毒素、溶血毒素、神经毒素等，引起鱼类及用鳃呼吸的动物中毒死亡。三毛金藻适于繁衍的生态条件是：盐度 0.9～10.88，硬度 1.776～10.80 毫摩尔/升，总氨（铵氮）0～0.25 克/米^3，磷酸盐 0～0.16 克/米^3，pH 7.4～9.3，水温为 1.5～29.0℃。可以生长的盐度为 0.6～70，在低盐度中生长较高盐度要快；水温 -2℃时仍可生长并产生危害，30℃以上生长不稳定，但在高盐度（30）时高温生长仍稳定；pH 为 6.5 能长期存活。

【流行情况】 流行于盐碱地的池塘、水库等半咸水水域，如天津、山东、河北、广东、江苏、浙江、上海、辽宁、内蒙古、陕西、宁夏等地，危害鲢、鳙、鳊、草、梭、鲤、鲫、鳗、鳅等多种鱼类及用鳃呼吸的水生生物，自夏花至亲鱼均可受害。一年四季都有发生，主要发生于春、秋、冬季，因这时的水温较低，其他藻类受低温影响，繁殖缓慢，数量较少，三毛金藻能耐低温而成为优势种，引起危害；在夏季一般发生较少，因夏季水温高，蓝藻及绿藻等大量繁殖，从而抑制了三毛金藻的发展，但当水质条件适合三毛金藻繁衍，尤其是总氨含量低时，蓝藻及绿藻不能成为优势种，则可发生三毛金藻危害。

【症状】 中毒初期，鱼焦躁不安，呼吸频率加快（全长 3 厘米的鲢鱼，每分钟呼吸 138～150 次），游动急促，方向不定；不久就趋于平静，反应逐渐迟钝，鱼开始向鱼池的背风浅水角落集中，少数鱼静止不动，排列无规则，受到惊扰，即游向深水处，不久又返回，鱼体分泌大量黏液，胸鳍基部充血明显，逐渐各鳍基部都充血，鱼体后部颜色变浅，反应更为迟钝而平静，呼吸频率逐渐减少；随着中毒时间的延长，自胸鳍以后的鱼体麻痹、僵直，背鳍、腹鳍都不能摆动，只有胸鳍尚能摆动，但不能前进，触之无反应，鳃盖、眼眶周围、下颌、体表充血，形成大小不一的红斑，有的连成片，病鱼布满池的四角及浅水处，一般头朝岸边，排列整齐，在水面下静止不动，但不“浮头”，受到惊扰也毫无反应，这时呼吸极其困难且微弱，每分钟 22 次或更少，濒死前出现间歇性地挣扎呼吸，不久即失去平衡而死，但也有的鱼死后仍保持自然状态。

整个中毒过程，鱼不“浮头”，不到水面吸取空气，而是在平静的麻痹和呼吸困难下死去。有的鱼死后，除鳍基充血外，体表无充血现象；有的鱼死后，鳃盖张开，眼睛突出，积有腹水。濒死鱼的红细胞膨胀，胞质浓缩并围绕在核的周围，最后胞膜破裂，遗留下裸露的胞核和细胞碎屑。发病池的池水呈棕褐色，透明度大于 50 厘米，溶氧丰富（为 8～

12 克/米^3），营养盐贫乏，总氨含量小于 0.25 克/米^3，总硬度、碱度高，其他水质条件均适合三毛金藻的繁衍。

【防治方法】

1）水中总氨含量超过 0.25 克/米^3 时，三毛金藻就不能成为优势种，因此定期（少量多次）向池中施铵盐类化肥、尿素、氨水、氮磷复合肥，以及有机肥，使总氨稳定在 0.25～1.00 克/米^3，即可达到预防效果。

2）在 pH 为 8 左右，水温为 20℃时的盐碱地早期发病鱼池，全池遍洒含氨 20% 左右的铵盐类药物（硫酸铵、氯化铵、碳酸氢铵），剂量为 20 克/米^3，或剂量为 12 克/米^3 的尿素，使水中离子铵达 0.06～0.10 克/米^3，可使三毛金藻膨胀解体直至全部死亡。铵盐类药物杀灭效果比尿素要快，故效果更好。但鲻鱼、梭鱼的鱼苗池不能用此方法。

3）早期发病鱼池，全池遍洒 0.3% 的黏土泥浆水吸附毒素，在 12～24 小时内中毒鱼类可恢复正常，不污染水体，但三毛金藻不被杀死。

4. 赤潮

【病因】 在海洋，特别是内湾及浅海区常常发生由于某些浮游生物异常繁殖，并高密度聚集，引起水质败坏、发臭、海水变色的现象，由于常出现红色，故叫赤潮。事实上，不同的赤潮生物引起的海水变色不同，有褐红色、桃红色、褐色、黄色、绿色、铅灰色、黑褐色等。近年来由于工农业迅速发展，特别是沿海地区工业日益增多，工业废水和城镇生活污水大量排放入海，造成河口、内湾及沿岸水域水质严重污染和富营养化，导致赤潮发生频繁、发生的地区增多、危害的范围扩大。

赤潮主要发生在夏季，赤潮生物较集中分布在水的上层。其对渔业的危害方式主要有以下 3 类。

1）赤潮生物直接分泌毒素于水中，或在死后产生毒素，如膝沟藻、裸甲藻等。

2）赤潮生物吸附于海产动物鳃上而引起其窒息死亡，如夜光藻等。

3）在赤潮后期，由于大量赤潮生物死后分解，消耗大量氧气，引起海产动物窒息而死。

【防治方法】

1）加强环保工作，控制水质，严防污染及富营养化。

2）发生赤潮时，在养殖海区可泼洒硫酸铜杀死海藻，或泼黏土以吸附有害物质。

3）在养殖区周围海底铺设通气管，向上施放大量气泡，形成一道

上下垂直的环流屏障，把赤潮与养殖区隔离开来，达到防御的目的。

4）做好预测、预报工作，在发生赤潮时，不进行排灌水。育苗最好用沙滤池滤水或沉淀池的水。

5. 桡足类

【病因】　桡足类是浮游动物中的主要组成部分，是鱼类的良好食料。除了营寄生生活的桡足类外，有些种类伤害鱼卵和初出膜的幼鱼苗，影响鱼卵的孵化率和鱼苗的成活率，常见的有两种类型：剑水蚤、镖水蚤。鱼苗孵化5天后，桡足类便不会再对其产生危害作用。

【防治方法】

1）泼洒90%的晶体敌百虫，使池水为0.5克/米^3。

2）孵化用水，用铜沙网、尼龙纱网、砂石滤墙过滤，不让桡足类随着水流进入孵化器。

3）待鱼苗孵化出苗5天后再放入“发塘”。

6. 凶猛鱼类

【病因】　池塘中常常有肉食性的凶猛鱼类存在，这些凶猛鱼类以鱼苗、幼鱼为食。

1）鳡鱼：以捕食其他鱼类为生，能吞食比它本身大的鱼类，1.4厘米长的鳡鱼苗就能捕食其他鱼类的鱼苗。

2）鳜鱼：主要捕食小鱼和虾。

3）乌鳢：500克重的乌鳢能吞食100～150克的草鱼、鲫鱼、鲤鱼，并能食小虾、蝌蚪、昆虫等动物。

4）鲇鱼：头部有2对触须，白天多栖息在水草丛生的底层，夜间捕食小型鱼类、虾、水生昆虫。

5）黄颡鱼：底栖鱼类，以水生昆虫、小虾、鱼苗为食物。

【防治方法】

1）鱼池放养前用药物彻底清塘。

2）鱼种放养前，及时清除野鱼。

7. 爬行类

【病因】　鳖（危害幼鱼，常以幼鱼、虾、螺蛳为食物）、水蛇（以鱼类、两栖类为食物）。

【防治方法】

1）鱼池放养前用药物彻底清塘。

2）鱼钩上系上杂鱼，分布在池塘周围，水蛇吃了诱饵便被钩钩住，如此可消灭一部分水蛇。

8. 昆虫类

【病因】 水蜈蚣、松藻虫、红娘华、水斧虫、田鳖、水虿、桂花蝉等能捕食鱼苗。

【防治方法】

1）生石灰清塘。

2）用晶体敌百虫全池泼洒，使得水中含量为0.45～0.50克/米^3，水温20～26℃时，24～36小时可杀灭水蜈蚣。

六、化学物质引起的鱼中毒

1. 浮肿病

【病因】 本病主要由于池水过肥，氨氮含量过高，致使鱼体内氨不能外泄，而储存于循环系统中引起大脑紊乱、肾功能损坏，产生浮肿病。发病池塘池水多呈深绿色、灰暗色或深棕色。此外，五氯酚钠或黄磷中毒会破坏肾脏系统，也易引起腹水，产生浮肿症状。本病主要发生于鲤、鲫、鲢、鳙、鳊、草等鱼。

【症状】 本病症状主要表现为体色加深，鳃瓣呈鲜红或深红色，鳃丝出现增生，微血管扩张、充血，体表黏液分泌增加，鱼体腥味很大，生长缓慢，渔民常称这种鱼为“老头鱼”。经解剖发现，病鱼腹水很多，胆囊膨大，肝脏呈深棕色而且容易破碎。

【防治方法】

1）经常注入新水或更换池水。

2）加强池水消毒。

3）经常用生石灰调节水质，使池水呈中性或微碱性，以降低水中氨的毒性。

4）经常清除残渣剩饵，投喂新鲜饲料。

5）防止池水过肥及“水华”出现。

2. 喹乙醇中毒

喹乙醇中毒，又名鱼类应激性出血症。

【病因】 由于在饲料中长期过量添加喹乙醇引起。喹乙醇，又名快育灵，是一种过去常用的抗生素。它能明显地加快鱼的生长速度。因此许多厂家都在饲料中长期添加，以促进鱼类生长。但是，喹乙醇又具有中度毒性，在动物体内又不易降解排泄，长期使用会使其在鱼体内累积，

造成中毒。20世纪90年代以来，在全国各地频繁发生喹乙醇中毒引起的鱼病事件，索赔官司不断。目前，国家已出台有关法规禁止在动物饲料中添加喹乙醇。然而，有些小型饲料厂家，为了在降低饲料成本的同时，又不影响鱼的生长速度，仍然不顾国家的三令五申继续在饲料中添加喹乙醇。

【流行情况】

1）发病无季节性，一年四季均可发生，发病的高峰期为7~10月，以盛夏酷暑时发病最为严重；水温在25℃以上多发，28~32℃发病最严重，水温在20℃以下很少发生；发生喹乙醇中毒的鱼在水温逐渐降低的情况下，其症状会逐渐减轻，甚至消失。

2）各种养殖鱼均可发生，但以鲤鱼最突出，其次是草鱼、鲫鱼、团头鲂、花白鲢，而且从鱼种到成鱼阶段都可发生，但一般以成鱼发病率高。

3）本病多发生在以投喂蛋白质和能量等营养含量高的饲料为主的养殖池塘中，且在外界刺激下发病，如鱼的分级、转池或转箱、拉网运输等。

4）本病多见于高密度养殖的池塘和网箱中，密度较稀、饲料品质较低、粗纤维含量较高的养殖条件下少发。

5）在同一地区的鱼塘或同一水体的网箱中，若采用几种不同厂家生产的饲料，本病总发生在使用某些厂家饲料的鱼塘或网箱，而投喂其他厂家饲料的鱼不发病或病情很轻。

6）发病鱼普遍比不患病的鱼长得快，且体态肥大；而个体瘦小的鱼患病较轻，甚至不患病。

7）对病鱼使用抗生素治疗无效或效果很差；使用维生素C、维生素E等有一定疗效，但不理想。

8）发病突然，在发病前鱼体无异常现象，而鱼在受到刺激时，往往在几分钟、十几分钟或几十分钟内即出现症状，并且很快死亡，反映出鱼的抗应激能力极差。

【症状】 多数情况下，鱼体没有明显的异常，一旦拉网、捕捞、运输、倒池时，鱼则表现为非常敏感，极度不安，剧烈跳动，往往在几分钟、十几分钟或几十分钟内鱼体腹部、头部、嘴角、鳃盖、鳃丝和鳍条基部就显著充血、发红和出血，严重者鳃丝出血严重，有大量的鲜血从鳃盖下涌出而染红水体。病鱼特别不耐长途运输，在运输过程中大批死亡，即使未死亡者，也表现为生命垂危，全身变成桃红色，鱼体发硬，最终死亡或失去商品价值。

经检查可见，病鱼体色发黑，营养良好，肌肉丰满。病情轻者仅见腹部和嘴部轻度充血、发红，少数有出血点；而病情较重者，其头部、嘴部、鳃盖、鳍条基部显著充血、发红，并有多处出血斑点。有的鱼嘴发红非常典型，犹如涂抹了口红一样；有的甚至全身充血、发红出血，少数鱼鳃丝有出血。病鱼体表黏液分泌减少，手摸有粗糙感，肌肉水分增多，体表有浮肿感；肛门轻度红肿，肠道轻度充血；肝脏肿大，质地变脆，胆囊扩张，胆汁充盈；脾脏瘀血、肿大，呈紫黑色；心脏轻度扩张，颜色变浅；腹腔内积有多少不等的浅黄色腹水。

【防治方法】 不喂含有喹乙醇的饲料。

3. 水环境中化学物质中毒

随着工农业生产的发展，人口的增加，如不注意环境保护，使工厂中的有毒废水、农田中的农药及生活污水大量流入水体，污染水质，导致富营养化，会引起水产生物中毒、畸变、甚至大批死亡，有的水域现已成为“死湖”，并通过水产生物的蓄积而毒害人类，所以一定要做好环境保护工作。水产生物受毒物的毒害共有三条途径：一为鳃的呼吸功能受到影响，导致水产生物窒息而死；二为水产生物与水接触的部位，如体表、口腔等受到毒物影响而遭到损害；三为水产生物通过食物链或直接从水体将有毒物质吸收到体内，使组织器官受到破坏，产生不良的生理影响，严重时可致死。

（1）硫化氢 硫化氢是无色、有臭鸡蛋味的有毒气体。通常在人造纤维、硫化染料、制药、鞣革及含硫石油、含硫橡胶、含硫金属冶炼等工厂排放的废水中含硫化氢。如直接将污水排入养鱼水体，必然引起鱼类大批死亡。硫化氢的毒素主要有刺激和麻痹作用。硫化氢在鱼体黏膜和鳃表面很快溶解，与组织中的钠离子结合可形成具有强烈刺激作用的硫化钠。硫化氢能抑制某些酶的活性，阻碍体内的生物氧化反应，引起组织细胞窒息。当硫化氢含量在6.3克/米^{3}时，可使鲤鱼、金鱼死亡；含量在10克/米^{3}时，4小时内可使所有鱼类中毒死亡。中毒症状是鳃变为紫红色，鳃盖和胸鳍张开，鱼体失去光泽，悬浮于水的表层。

（2）亚硝酸盐 亚硝酸盐中毒多发生在养殖密度大的吨产鱼池：不换水或换水很少、不开增氧机的鱼池。这是因为高产鱼池都使用蛋白含量高的饲料，饲料和鱼类粪便中大量含氮物质降解成为氨氮。氨氮通过

光合作用被浮游植物吸收，其余未被吸收的就沉积在池底，造成底泥和池水中氨氮含量过高。通过换水可将氨氮部分稀释，如果不换水则使氨氮大量累积。通过增氧机的曝气作用，可将氨氮氧化成亚硝酸盐再氧化成硝酸盐，同时可将氨氮通过曝气作用释放至空气中。但如果不进行曝气，池塘底部由于不透光，无法进行光合作用，并处于缺氧状态，使亚硝酸盐转化成硝酸盐的反应受阻，因此水体中氨氮和亚硝酸盐大量积累，导致鱼体中毒。主要症状：鱼在白天呈“浮头”状，并且毛细血管变薄，捕捞后全身发红，解剖后血液呈黑褐色（彩图 29）。防治亚硝酸盐的方法有以下 4 种。

1）开动增氧机曝气。

2）将池水换掉 1/3 以上，用物理的方法降解水中的氨氮和亚硝酸盐。

3）在饲料中添加维生素 C，由于维生素 C 是强氧化剂，能将高铁血红蛋白还原成铁血红蛋白，因此能在短期内快速解毒。

4）用食盐 25 克/米^3 全池泼洒。

（3）农药中毒　农药在水产生物体内不断蓄积，引起其中毒、畸变、繁殖衰退及死亡等。常见的有有机氯农药、有机磷农药、有机硫农药。鱼类胚胎畸变的原因可由于亲鱼接触毒物，通过毒体的血液循环传递至生殖腺，如六六六、汞等就极易于母体的生殖腺内蓄积；也可能是由于受精卵直接接触外来毒物，尤其以胚胎的早期发育阶段为甚。

（4）重金属盐类中毒　重金属对水产生物的毒性一般以汞最大，银、铜、镉、铅、锌次之，锡、铝、镍、铁、钡、锰等毒性依次降低。

一般在土壤中重金属盐类的含量不多，用新开鱼池养鱼没有不良影响；但有些地方重金属盐类的含量较高，用新挖鱼池饲养鱼种常使该鱼患弯体病，病鱼游动不自如、成长缓慢、鱼体瘦弱，严重时可引起死亡。一般 1 足龄以上的鱼不易患弯体病，所以新开鱼池第一年应养 1 足龄以上的鱼，于第二年清塘、换水后再养鱼苗、鱼种，就不会再患弯体病了。用铅桶养鱼苗，也可导致鱼患弯体病。

重金属对水产生物的毒害有内毒和外毒两方面。内毒为重金属通过鳃及体表进入体内，与体内主要酶类的必要基团——氢硫基中的硫结合成难溶的硫醇盐类，抑制了酶的活性，妨碍机体的代谢作用，引起死亡；同时硫醇盐本身也有一定毒性；在鳃部存在的呼吸酶类，如琥珀酸脱氢酶，可能也直接与致毒有关。此外，外毒可与鳃、体表的黏液结合成蛋白质的复合物，覆盖整个鳃和体表，并充塞鳃瓣间隙，使鳃丝的正常活动发生困难，导致鱼窒息而死。

【防治方法】

1）加强检测工作，严禁未经处理的污水及超过国家规定排放标准的水排入水体。

2）进行综合治理，通过物理、化学和生物的方法对污水等进行治理。

提示

鱼类中毒所表现的症状一般是鳃丝发红或发紫，剖检可见肝胆肿大、颜色异常。要注意鉴别由水质或饲料引起的中毒，水质引起的中毒，鱼呈急性死亡，取塘水放入健康鱼即可鉴别。

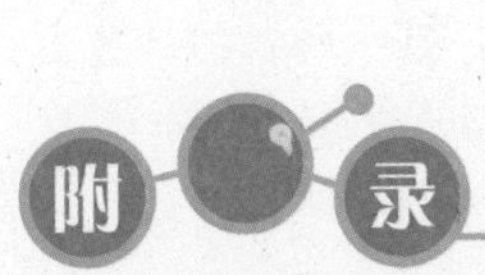

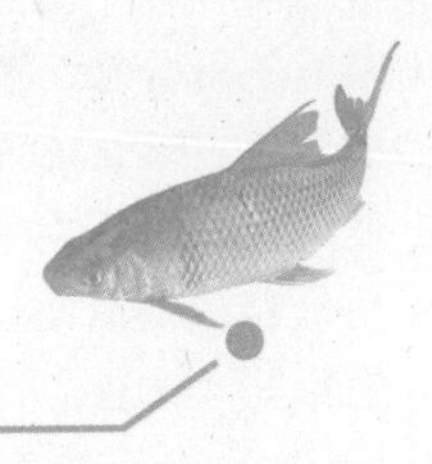

附录

附录A 如何测算池塘用药量

在鱼病防治过程中，外用药的用药量一般根据池塘水体多少进行测算。只有准确测量池塘面积和平均水深，才能得出池水体积和用药量。

一、池塘面积计算的几种方法

1）长方形或正方形池塘：测量池塘水面的长度和宽度。水面面积 = 水面长 × 水面宽。

2）圆形池塘：测量出池塘的半径 R。水面面积 = πR^2（其中，$\pi \approx 3.1416$）。

3）梯形池塘：测量出两个平行对边的长底（即上底和下底）和两对边的垂直距离（即高）。水面面积 =（上底 + 下底）× 高 ÷ 2。

4）平行四边形或三角形池塘：测出池塘一边的长底（即底）和这条边到对角的垂直距离（即高）。平行四边形水面面积 = 底 × 高；三角形水面面积 = 底 × 高 ÷ 2。

5）形状不规则的池塘：用分割方法计算，先将池塘分割成长方形、三角形或圆形进行测量，然后将各部分面积相加即是整个池塘面积。

二、池塘的水体积计算

首先要测量池塘平均水深，其方法是：先要了解池塘较深的区域和较浅区域各占池塘的比例，按这个比例安排测量的点数，将所量得的深度加起来的总和除以测量点数，即为平均水深。将求得的池塘水面积乘以平均水深，即等于池塘的水体积。

三、施放药物用量的计算

池塘全池泼洒的药物含量单位常用 ppm 表示，即用百万分之一表示，经换算后 1ppm 的含量，就是 1 米^{3}体积的水用药量为 1 克（即为 1 克/

米^3），那么用药量（克）= 池水体积（米^3）× 需用药含量（克/米^3）。例如，一个长方形池塘的水面长为 50 米，水面宽为 30 米，平均水深为 2 米，若使用含量为 2 克/米^3 的药物进行全池泼洒防治疾病，其用药量的计算方法是：池塘水面积 = 50 米 × 30 米 = 1 500 米^2，池塘水体积 = 1 500 米^2 × 2 米 = 3 000 米^3；用药量 = 3 000 米^3 × 2 克/米^3 = 6 000 克 = 6 千克。

四、泼洒药应注意的事项

1）泼洒药物前要尽量排除大部分池水，保留少量池水，以节约用药量。

2）泼洒药物应选择晴天进行，以提高药效。

3）泼洒药物最好用木质、塑料、陶瓷、玻璃等容器，避免使用金属容器，因有些药物易与金属反应，改变药物特性。

4）操作人员要注意防护，药物不要和人体接触，避免药物中毒。

5）泼洒时要从池塘的上风处往下风处泼洒。

附录 B 常见鱼病的鉴别诊断

疾病名称	不同之处	相似之处
白皮病	白点出现于背鳍基部或尾柄处，病情发展时只是白点本身的面积扩大，最终表现为以背鳍至臀鳍为界的整个后部皮肤呈白色	病鱼体表都有白点
打粉病	背鳍、尾鳍及背部先后出现白点，但随病情加剧白点数量增多，最终白点遍及全身，整个体表似擦了一层粉末	
小瓜虫病	病原体为小瓜虫。细看白点间有充血的红斑，体表、鳍条或鳃部布满带有白色小点的囊包	
微孢子虫病	病鱼死后 2～3 小时，观察其发病部位，仍有白点的是由微孢子虫引起的，如果没有白点的是由小瓜虫引起的	病鱼体表都有白点
痘疮病	特征虽与小瓜虫病相似，但小瓜虫病在光学显微镜下可见到虫体，而痘疮病在光学显微镜下看不到病原体	
白头白嘴病	刮下病鱼皮肤镜检，可见到蠕动的细菌	病鱼都呈白头白嘴状
车轮虫病	较大的车轮虫主要侵袭幼鱼的皮肤，它分布于鱼的全身，特别喜欢聚集在鱼的鳍条和头部，有时也出现鳃上	
钩介虫病	肉眼可见病鱼嘴、鳍及皮肤都有钩介虫寄生	

（续）

疾病名称	不同之处	相似之处
车轮虫病	有典型的白头白嘴、鳃丝鲜红等症状	鳃盖张开
指环虫病	鳃部明显浮肿，鳃丝呈暗蓝色	
鲤嗜子宫线虫病	鳞片隆起的程度较大，虫体寄生部位的皮肤肌肉充血发炎	鳞片隆起
竖鳞病	病鱼鳞片竖起如松果球状，鳞片基部水肿呈半透明小囊状，挤则出水	
疯狂病	病鱼具有脊柱向背部方向弯曲，整个尾部极度上翘而露出水面，呈波浪形旋转运动，时而沉入水底，时而露出水面	具急躁不安、狂游、跳跃的现象
中华鳋病	脊柱不弯曲、尾鳍仅上叶露出水面，且病鱼仅在水体表面打转或狂游	
大中华鳋病	寄生于草、青鱼的鳃部，病鱼跳跃不安	
鲢中华鳋病	寄生于鲢、鳙鱼鳃部，病鱼一般不跳跃	
锚头鳋病	严重感染时鱼体似披蓑衣	
复口吸虫病	在水面不安地挣扎，有时头朝下、尾朝上，严重时出现眼球脱落成瞎眼等症状	
跑马病	仅是绕池周游，驱之难散	鱼在池边聚集周游或头撞岸边
泛池	一般发生在无风、闷热，气温上升，气压下降，打雷不下雨或雷阵雨的情况下，在半夜以后发生；全池鱼类均浮在水面，用口张着呼吸，或横卧水面或头撞岸边，呈奄奄一息状态	
小三毛金藻病	往往有大部分鱼类狂游乱窜，一般池鱼向池的四角集中、驱之才散；病情严重时，池鱼几乎都集中排列在池边水面附近，头朝向岸边，静止不动	
草鱼病毒性出血病	体表发红是肌肉充血、出血引起的，剥去表皮后，其肌肉呈块状或点状甚至全身肌肉充血、出血发红，鳍条充血在靠近肌肉的基部	体表发红、鳍条充血

（续）

疾病名称	不同之处	相似之处
草鱼细菌性赤皮病	体表发红，只是表皮出血，而非肌肉充血、出血，剥去表皮后，肌肉颜色正常、不发红，鳍条（特别是尾鳍）的充血，充其量只是在鳍条末端	体表发红、鳍条充血
草鱼细菌性肠炎	肠内表面有脓状液，且有溃烂	一般都有肠黏膜发红症状
草鱼病毒性肠炎	肠内表面红肿，无黏液，无溃烂	

附录C 禁用渔药及部分禁用渔药的危害

药物名称	别　名	危　害
地虫硫磷	大风雷	剧毒、高毒
六六六	六氯化苯	为有机氯制剂，有致癌性，毒性高、自然降解慢、残留期长，在生物体内有富集作用，长期使用，通过食物链传递，对人体的功能性器官有损害
林丹	丙体六六六	为有机氯杀虫剂，有致癌性，其最大特点是自然降解慢，残留期长，在生物体内有富集作用，对人体功能性器官有损伤等
毒杀芬	氯化莰烯	为有机氯杀虫剂，有致癌性，其最大特点是自然降解慢，残留期长，在生物体内有富集作用，对人体功能性器官有损伤等
滴滴涕	DDT	为有机氯制剂，有致癌性，毒性高、自然降解慢、残留期长，在生物体内有富集作用，长期使用，通过食物链传递，对人体的功能性器官有损害
甘汞	氯化亚汞、一氯化亚汞	汞对人体有较大的毒害作用，极易产生富集性中毒，出现肾脏损害
硝酸亚汞	硝酸汞	汞对人体有较大的毒害作用，极易产生富集性中毒，出现肾脏损害
醋酸汞	乙酸汞	汞对人体有较大的毒害作用，极易产生富集性中毒，出现肾脏损害

（续）

药物名称	别　名	危　害
呋喃丹	克百威、大扶农	高毒农药，对人畜高毒；对环境生物的毒性也很高；且残留期较长
杀虫脒	克死螨	已被农业部、卫生部列为高毒性药物，禁止使用。该药的毒性大，且中间代谢产物对人体也有致癌作用；还可通过食物链对人体造成潜在危害
双甲脒	二甲苯胺脒	已被农业部、卫生部列为高毒性药物，禁止使用。该药的毒性大，且中间代谢产物对人体也有致癌作用；还可通过食物链对人体造成潜在危害
氟氯氰菊酯	百树菊酯、百树得	高残留，具有三致毒性（致癌、致畸、致突变），对人危害最大，对水域环境有严重破坏而又难以修复，对鱼类等水生动物高毒
氟氰戊菊酯	保好江乌、氟氰菊酯	严重影响鱼体正常的生理功能而导致鱼体死亡
五氯酚钠	五氯酚酸钠	易溶于水，经太阳照射易分解。该药易造成中枢神经系统、肝脏、肾脏等器官的损害，对鱼类等水生生物毒害性很大；对人体也有一定毒性，对人的皮肤、鼻、眼的黏膜刺激性强，使用不当可引起中毒
孔雀石绿	碱性绿、盐基块绿、孔雀绿	该药有较大的副作用，它能溶解足够的锌，引起水生生物急性锌中毒；该化合物对人体是一种致畸、致癌、致突变的“三致”物质，潜在的危害极大
锥虫砷胺	对氨甲酰甲胺苯砷酸钠	砷有剧毒，其制剂不仅可在生物体内形成富集，还可对水域环境造成污染
酒石酸锑钾	吐酒石	是一种毒性很大的药物，对心脏的毒性更大，能导致心室性跳动过速、早搏，导致急性心源性脑缺血综合征，还可能使转氨酶升高、肝脏肿大，并发展成中毒性肝炎

（续）

药物名称	别　　名	危　　害
磺胺噻唑	消治龙	可引起人类过敏反应，表现为皮炎，同时可以引起白细胞减少、溶血性贫血和药热等；还可引起肾脏损害
磺胺脒	磺胺胍	可引起人类过敏反应，表现为皮炎，同时可以引起白细胞减少、溶血性贫血和药热等；还可引起肾脏损害
呋喃西林	呋喃新	残留会对人类造成潜在危害，可引起溶血性贫血、多发性神经炎、眼部损害和急性重型肝炎等病
呋喃唑酮	痢特灵	该药残留会对人体造成潜在危害，可引起溶血性贫血、多发性神经炎、眼部损害和急性重型肝炎等病
呋喃那斯	P-7138（实验名）	残留会对人类造成潜在危害，可引起溶血性贫血、多发性神经炎、眼部损害和急性重型肝炎等病
氯霉素（包括其盐、酯及制剂）	氯胺苯醇、左霉素	对人体的毒性较大，抑制骨髓造血功能，造成过敏反应，引起再生障碍性贫血（包括白细胞减少、红细胞减少、血小板减少等）；还可引起肠道菌群失调及抑制抗体形成
红霉素	威霉素、福爱力、新红康	产生耐药性；在肌体残留较多，危害水产品质量安全
杆菌肽锌	枯草菌肽	对人体危害大，对水域环境有严重破坏而又难以修复，在鱼类等水生动物中有残留
泰乐菌素	泰乐霉素、泰霉素	同红霉素
环丙沙星	环丙氟哌酸	对人类中枢神经系统有伤害，主要表现为头痛、幻听、视觉模糊；对胃肠道的刺激主要表现为腹痛、消化不良
阿伏帕星	阿伏霉素	对人体危害大，长期应用致使动物体内的细菌产生耐药性，耐药性转移到感染人的细菌，致使针对人细菌的同一类抗生素效力降低或失去抗菌作用；对鱼类等水生动物高残留

（续）

药物名称	别　名	危　害
喹乙醇	喹酰胺醇	若长期使用此药，会对水产养殖生物的肝脏、肾脏造成很大损伤，引起肝脏肿大、腹水、甚至造成死亡。此外，还会产生耐药性，导致肠球菌广为流行，严重危害人体健康
速达肥	苯硫哒唑氨甲基甲酯	有生物毒副作用
己烯雌酚（包括雌二醇等其他类似合成制剂等雌性激素）	乙烯雌酚，人造求偶素	属激素类药物，在水产养殖生物体内的代谢较慢，极小的残留量都可对人体造成危害；可引起恶心、呕吐、食欲不振、头痛反应等，损害肝脏和肾脏；可引起子宫内膜及孕妇胎儿畸形
甲基睾丸酮（包括丙酸睾丸素、去氢甲睾酮及同化物等雄性激素）	甲睾酮	属激素类药物，在水产养殖生物体内的代谢较慢，极小的残留量都可对人体造成危害；对妇女可能会引起类似早孕的反应及乳房肿胀、不规则出血等；大剂量应用则影响肝脏功能，导致孕妇的女胎男性化和畸形胎的产生，引起新生儿溶血及黄疸症状

附录 D　常用渔药的休药期及使用方法

渔药名称	用　途	用法与用量	休药期/天	注意事项
氧化钙（生石灰）	用于改善池塘环境，清除敌害生物及预防部分细菌性鱼病	带水清塘：200～250毫克/升（虾类为350～400毫克/升） 全池泼洒：20～25毫克/升（虾类为15～30毫克/升）	—	不能与漂白粉、有机氯、重金属盐、有机络合物混用
漂白粉	用于清塘、改善池塘环境及防治细菌性皮肤病、烂鳃病、出血病	带水清塘：20毫克/升 全池泼洒：1.0～1.5毫克/升	≥5	1. 勿用金属容器盛装 2. 勿与酸、铵盐、生石灰混用

（续）

渔药名称	用途	用法与用量	休药期/天	注意事项
二氯异氰尿酸钠	用于清塘及防治细菌性皮肤溃疡病、烂鳃病、出血病	全池泼洒：0.3～0.6毫克/升	≥10	勿用金属容器盛装
三氯异氰尿酸	用于清塘及防治细菌性皮肤溃疡病、烂鳃病、出血病	全池泼洒：0.2～0.5毫克/升	≥10	1. 勿用金属容器盛装 2. 针对不同的鱼类和水体的pH，使用量应适当增减
二氧化氯	用于防治细菌性皮肤病、烂鳃病、出血病	浸浴：20～40毫克/升，5～10分钟 全池泼洒：0.1～0.2毫克/升，严重时用0.3～0.6毫克/升	≥10	1. 勿用金属容器盛装 2. 勿与其他消毒剂混用
二溴海因	用于防治细菌性和病毒性疾病	全池泼洒：0.2～0.3毫克/升	—	—
氯化钠（食盐）	用于防治细菌、真菌或寄生虫疾病	浸浴：1%～3%，5～20分钟	—	—
硫酸铜（蓝矾、胆矾、石胆）	用于治疗纤毛虫、鞭毛虫等寄生性原虫病	浸浴：8毫克/升（海水鱼类为8～10毫克/升），15～30分钟 全池泼洒：0.5～0.7毫克/升（海水鱼类为0.7～1.0毫克/升）	—	1. 常与硫酸亚铁合用 2. 广东鲂慎用 3. 勿用金属容器盛装 4. 使用后注意池塘增氧 5. 不宜用于治疗小瓜虫病
硫酸亚铁（硫酸低铁、绿矾、青矾）	用于治疗纤毛虫、鞭毛虫等寄生性原虫病	全池泼洒：0.2毫克/升（与硫酸铜合用）	—	1. 治疗寄生性原虫病时需与硫酸铜合用 2. 乌鳢慎用

（续）

渔药名称	用　　途	用法与用量	休药期/天	注意事项
高锰酸钾（锰酸钾、灰锰氧、锰强灰）	用于杀灭锚头鳋	浸浴：10～20毫克/升，15～30分钟 全池泼洒：4～7毫克/升	—	1. 水中有机物含量高时药效降低 2. 不宜在强烈阳光下使用
四烷基季铵盐络合碘（季铵盐含量为50%）	对病毒、细菌、纤毛虫、藻类有杀灭作用	全池泼洒：0.3毫克/升（虾类相同）	—	1. 勿与碱性物质同时使用 2. 勿与阴性离子表面活性剂混用 3. 使用后注意池塘增氧 4. 勿用金属容器盛装
大蒜	用于防治细菌性肠炎	拌饵投喂：10～30克/千克体重，连用4～6天（海水鱼类相同）	—	—
大蒜素粉（含大蒜素10%）	用于防治细菌性肠炎	0.2克/千克体重，连用4～6天（海水鱼类相同）	—	—
大黄	用于防治细菌性肠炎、烂鳃	全池泼洒：2.5～4.0毫克/升（海水鱼类相同） 拌饵投喂：5～10克/千克体重，连用4～6天（海水鱼类相同）	—	投喂时常与黄芩、黄檗合用（三者比例为5:2:3）
黄芩	用于防治细菌性肠炎、烂鳃、赤皮、出血病	拌饵投喂：2～4克/千克体重，连用4～6天（海水鱼类相同）	—	投喂时常与大黄、黄檗合用（三者比例为2:5:3）
黄檗	用于防治细菌性肠炎、出血	拌饵投喂：3～6克/千克体重，连用4～6天（海水鱼类相同）	—	投喂时常与大黄、黄芩合用（三者比例为3:5:2）

（续）

渔药名称	用途	用法与用量	休药期/天	注意事项
五倍子	用于防治细菌性烂鳃、赤皮、白皮、疖疮	全池泼洒：2～4毫克/升（海水鱼类相同）	—	—
穿心莲	用于防治细菌性肠炎、烂鳃、赤皮	全池泼洒：15～20毫克/升 拌饵投喂：10～20克/千克体重，连用4～6天	—	—
苦参	用于防治细菌性肠炎、竖鳞	全池泼洒：1.0～1.5毫克/升 拌饵投喂：1～2克/千克体重，连用4～6天	—	—
土霉素	用于治疗肠炎病、弧菌病	拌饵投喂：50～80毫克/千克体重，连用4～6天（海水鱼类相同，虾类为50～80毫克/千克体重，连用5～10天）	≥30（鳗鲡） ≥21（鲇鱼）	勿与铝、镁离子及卤素、碳酸氢钠、凝胶合用
恶喹酸	用于治疗细菌肠炎病、赤鳍病、香鱼及对虾弧菌病、鲈鱼结节病、鲱鱼疖疮病	拌饵投喂：10～30毫克/千克体重，连用5～7天（海水鱼类为1～20毫克/千克体重；对虾为6～60毫克/千克体重，连用5天）	≥25（鳗鲡） ≥21（鲤鱼、香鱼） ≥16（其他鱼类）	用药量视不同的疾病有所增减
磺胺嘧啶（磺胺哒嗪）	用于治疗鲤科鱼类的赤皮病、肠炎病，海水鱼类链球菌病	拌饵投喂：100毫克/千克体重，连用5天（海水鱼类相同）	—	1. 与甲氧苄啶（TMP）同用，可产生增效作用 2. 第一天药量加倍

附录

（续）

渔药名称	用　途	用法与用量	休药期/天	注意事项
磺胺甲噁唑（新诺明、新明磺）	用于治疗鲤科鱼类的肠炎病	拌饵投喂：100毫克/千克体重，连用5~7天	≥30	1. 不能与酸性药物同用 2. 与甲氧苄啶（TMP）同用，可产生增效作用 3. 第一天药量加倍
磺胺间甲氧嘧啶（制菌磺、磺胺-6-甲氧嘧啶）	用于治疗鲤科鱼类的竖鳞病、赤皮病及弧菌病	拌饵投喂：50~100毫克/千克体重，连用4~6天	≥37（鳗鲡）	1. 与甲氧苄啶（TMP）同用，可产生增效作用 2. 第一天药量加倍
氟苯尼考	用于治疗鳗鲡爱德华氏病、赤鳍病	拌饵投喂：10毫克/千克体重，连用4~6天	≥7（鳗鲡）	—
聚维酮碘（聚乙烯吡咯烷酮碘、皮维碘、PVP－I、伏碘）（有效碘1%）	用于防治细菌性烂鳃病、弧菌病、鳗鲡红头病；并可用于预防病毒病，如草鱼出血病、传染性胰腺坏死病、传染性造血组织坏死病、病毒性出血败血症	全池泼洒：海、淡水幼鱼、幼虾为0.2~0.5毫克/升；海、淡水成鱼、成虾为1~2毫克/升；鳗鲡为2~4毫克/升 浸浴：草鱼种为30毫克/升，15~20分钟；鱼卵为30~50毫克/升（海水鱼卵25~30毫克/升），5~15分钟	—	1. 勿与金属物品接触 2. 勿与季铵盐类消毒剂直接混合使用

注：1. 用法与用药量栏未标明海水鱼类与虾类的均适用于淡水鱼类。

2. 休药期为强制性。

附录E　水产允许使用的常用药物残留限量汇总

药物名称	标志残留物	靶组织	最高残留限量（MRL，单位：微克/千克）	来　源
四环素			100	NY 5070—2002
磺胺嘧啶		以总量计	100	NY 5070—2002

（续）

药物名称	标志残留物	靶组织	最高残留限量（MRL，单位：微克/千克）	来　源
磺胺甲基嘧啶		以总量计	100	NY 5070—2002
磺胺二甲基嘧啶		以总量计	100	NY 5070—2002
磺胺甲噁唑		以总量计	100	NY 5070—2002
甲氧苄啶			50	NY 5070—2002
甲砜霉素	甲砜霉素	肌肉＋皮	50	农业部 235 号公告
恩诺沙星	恩诺沙星 环丙沙星	肌肉	100	农业部 235 号公告
		脂肪	100	农业部 235 号公告
		肝脏	200	农业部 235 号公告
		肾脏	200	农业部 235 号公告
氟甲喹	氟甲喹	肌肉＋皮	500	农业部 235 号公告
噁喹酸		肌肉＋皮	300	农业部 235 号公告
溴氰菊酯	溴氰菊酯	肌肉	30	农业部 235 号公告
铜			50 000	NY 5073—2006

注：以上是水产允许使用的常用药物残留限量汇总，水产品种有毒有害物质最高残留限量标准包括不限于以上内容。

附录 F　鱼病诊断经验谈

1）在多种鱼的混养池塘，仅是草鱼得病，首先应怀疑是“草鱼三病”（赤皮、烂鳃、肠炎）；如果仅是鲢鱼狂游、蹿跳，则可能是白鲢疯狂病；如果仅是鲢、鲫鱼得病，应怀疑是鲢鱼出血病；如果池中鱼类均得病，而且没有一定次序，可能是淡水鱼类细菌性败血病；如果各种混养鱼类按照鲢、草、鲤、鲫鱼顺序先后全部死亡，应考虑泛池的可能性。怀疑泛池时，还应调查放养密度、施肥情况、天气变化和鱼死前“浮头”情况。

2）草鱼赤皮病。鳞片脱落，局部出血发红。

3）鲢鱼打印病。在鱼腹部两侧或一侧有圆形红色腐烂斑块，像盖过的印章。

4）如果鱼体发黑，背部肌肉发红，鳍基充血，肛门红肿，剥皮可

见肌肉出血，可能是患有病毒性出血病或肠炎病。

5）一般细菌性鱼病。常常表现出各自不同的症状，如出血、发炎、脓肿、腐烂、蛀鳍等；而寄生虫病，常表现出黏液分泌增多、发白、有点状或块状的胞囊等症状。

6）有些肉眼看不见的小型病原体，则需要根据所表现出的症状来判断，如车轮虫、鱼波豆虫、斜管虫、三代虫等，一般会引起鱼体分泌大量黏液，或者头、嘴及鳍条末端腐烂，但鳍条基部一般无充血现象。

7）如果鱼在池中狂游或蹿跳，可能是有寄生虫。

8）如有鱼的角膜混浊，有白内障时，很可能是复口吸虫病。

9）检查鳃丝是否正常。如鳃丝腐烂发白带黄色，尖端软骨外露，并沾有污泥和黏液，多为烂鳃病；鳃丝末端挂着似蝇蛆一样的白色小虫，常常是寄生了中华鳋。

10）鳃部分泌大量的黏液，则可能是患有鳃隐鞭虫、鱼波豆虫、车轮虫、斜管虫、三代虫、指环虫等寄生虫病。

11）鳃片颜色比正常的鱼较白，并略带红色小点，多为鳃霉病。

12）如果鱼类平时表现正常，只在拉网后一段时间出现出血症状或不耐运输，可能是喹乙醇中毒。

参 考 文 献

[1] 陈锦富，陈辉. 鱼病防治技术 [M]. 北京：金盾出版社，2007.

[2] 黄琪琰. 水产动物疾病学 [M]. 上海：上海科学技术出版社，2004.

[3] 陆承平. 兽医微生物学 [M]. 北京：中国农业出版社，2008.

[4] 农业部《渔药手册》编辑委员会. 渔药手册 [M]. 北京：北京科学技术出版社，1998.

[5] 汪开毓. 鱼病防治手册 [M]. 成都：四川科学技术出版社，1999.

[6] 俞开康，战文斌，周丽. 海水养殖病害诊断与防治手册 [M]. 上海：上海科学技术出版社，2000.

[7] 俞开康. 海水鱼虾蟹贝病诊断与防治原色图谱 [M]. 北京：中国农业出版社，2008.

[8] 战文斌. 水产动物病害学 [M]. 2 版. 北京：中国农业出版社，2011.

[9] NOGA E J. Fish Disease: Diagnosis and Treatment [M]. Oxford: Wiley-Blackwell, 2010.

[10] ROBERTS R J. Fish Pathology [M]. Oxford: Wiley-Blackwell, 2012.

索　引

注：书中视频建议读者在 Wi-Fi 环境下观看。